选对色彩有诀窍

没有不好看的颜色
只有不好看的搭配

室内设计
从入门到精通

曹茂鹏 主编

U0323731

化学工业出版社

·北京·

图书在版编目（CIP）数据

室内设计配色从入门到精通 / 曹茂鹏主编 . —北京：化学工业出版社，2018.1
ISBN 978-7-122-30296-0

Ⅰ.①室… Ⅱ.①曹… Ⅲ.①住宅－室内装饰设计－配色 Ⅳ.① TU241

中国版本图书馆 CIP 数据核字（2017）第 174252 号

责任编辑：王　烨　　　　　　　　　　　装帧设计：刘丽华
责任校对：宋　夏

出版发行：化学工业出版社（北京市东城区青年湖南街 13 号　邮政编码 100011）
印　　装：北京东方宝隆印刷有限公司
787mm×1092mm　1/16　印张 13　字数 271 千字　2018 年　1 月北京第 1 版第 1 次印刷

购书咨询：010-64518888（传真：010-64519686）　　售后服务：010-64518899
网　　址：http://www.cip.com.cn
凡购买本书，如有缺损质量问题，本社销售中心负责调换。

定　　价：88.00 元　　　　　　　　　　　　　　　　版权所有　违者必究

前言

　　室内设计，是今年来最火爆的行业，人们的理念也在发生变化。以前的家居装饰装修追求实用性，而现在更加开始追求其创意和风格。

　　本书按照室内设计的各大模块分为8章，分别为进入色彩的世界、基础色与室内设计、室内设计的色彩搭配、居住空间的色彩搭配、公共空间的色彩搭配、装饰风格与色彩搭配、空间色彩的视觉印象、综合家居配色。

　　在每一章都安排了大量的案例和作品赏析，所有案例都配有设计分析，在读者学习理论的同时，可以欣赏到优秀的作品，因此不会感觉枯燥。本书在最后一章对4个大型案例进行了作品的项目分析、案例分析、配色方案、佳作赏析、优秀空间配色方案的讲解，给读者一个完整的设计思路。通过对本书的学习，可以帮助读者在室内设计、色彩搭配、设计理论这三方面都有非常大的提升，可以轻松应对工作。

　　编者在编写过程中以配色原理为出发点，将"理论知识结合实践操作"、"经典设计结合思维延伸"贯穿其中，愿作读者学习和提升道路上的"引路石"。

　　本书由曹茂鹏主编。曹爱德、曹明、曹诗雅、曹玮、曹元钢、曹子龙、崔英迪、丁仁雯、董辅川、高歌、韩雷、鞠闯、李进、李路、马啸、马扬、瞿颖健、瞿吉业、瞿学严、瞿玉珍、孙丹、孙芳、孙雅娜、王萍、王铁成、杨建超、杨力、杨宗香、于燕香、张建霞、张玉华等同志参加编写和整理。

　　由于水平所限，书中难免有疏漏之处，希望广大专家、读者批评斧正！

编者

目录

第 1 章

进入色彩的世界

Jin Ru Se Cai De Shi Jie

Part One

♣ 1.1　认识色彩究竟是什么

提到"色彩"一词，人们自然都不会觉得陌生。因为只要我们睁开眼睛就能看到五颜六色的世界，蓝色的海洋、绿色的草地、金色的黄昏、红色的花朵。色彩能够给人们带来直观的视觉感受。但是，你知道色彩究竟是什么吗？

可以说色彩并不是一种"物体"，因为色彩其实是通过眼、大脑和我们的生活经验所产生的一种对光的视觉效应。为什么这样说呢？因为一个物体的光谱决定了这个物体的颜色，而人类对物体颜色的感觉不仅仅由光的物理性质所决定，也会受到周围颜色的影响。所以，色彩感觉不仅与物体本来的颜色特性有关，而且还与所处的时间、空间、外表状态以及该物体周围环境相关，甚至还会受到个人的经历、记忆力、看法和视觉灵敏度等因素的影响。例如，随着季节和周围环境的变化，我们视觉所看到的色彩也发生了变化。

♣ 1.2　色彩能够做什么

说到色彩的作用，很多人可能会说：色彩嘛，就是用来装饰物体的。其实色彩的作用不仅如此，很多时候色彩的运用会直接影响到信息的判断。主题是否鲜明，思想能否被正确传达，画面是否具有感染力等问题，都与色彩的作用是否得到充分的发挥密切相关。

1.2.1　识别判断

色彩带给人的影响是非常巨大的。色彩不仅会在人的头脑中留下印象，还可能会在一些情况下影响人们对某些事物的判断。例如，当人们看到红色时，就自然而然地会联想到艳丽的花朵。看到红色的苹果会觉得它是成熟的、味甜的，而看到绿色的苹果则会觉得它是未成熟的、味酸的。

1.2.2　衬托对比

在画面中使用互补色的对比效果，可以使前景物体与背景之间对比明显，从而更好地突出前景物体。例如，画面的主体为红色调的甜点，当背景同样为红色调时主体的甜点并不突出，而当背景变为互补的绿色时，画面中的甜点就显得格外鲜明。

1.2.3　渲染气氛

提起黑色、深红、墨绿、暗蓝、苍白等颜色，你会想到什么，是午夜噩梦中的场景，还是恐怖电影中惯用的画面，或是哥特风格的阴暗森林？总之，想到这些颜色构成的画面往往会让人感到胆寒。的确，很多时候人们对于色彩的感知远远超出对事物具体形态的感知，因此，如果要刻意营造出某种氛围就需要在色彩搭配上下工夫。例如，在画面中大量使用青、绿等冷色时，能够营造出一种阴森、冷酷的氛围；当画面中大量使用白色、金色、乳白色等色调时，则更容易营造出高贵、典雅、奢华的气氛。

1.2.4　修饰装扮

在画面中添加适当的搭配颜色，可以起到修饰和装扮的作用，从而使单调的画面变得更加丰富。例如，主体物后方的背景物为单一颜色时画面显得较为单一，而背景物为彩色时画面就显得丰富许多。

♣ 1.3　色彩的类型

在我们的世界中，睁开眼睛就能看到千千万万种色彩，例如玫瑰红色、柠檬黄色、天空蓝色、黑色、白色等。通常将色彩分为两大类：有彩色和无彩色。

1.3.1　有彩色

凡带有某一种标准色倾向的色，都称为有彩色。红、橙、黄、绿、青、蓝、紫为有彩色中的基本色，将基本色以不同量进行混合，以及基本色与黑、白、灰（无彩色）之间不同量地混合，会产生成千上万种有彩色。

1.3.2　无彩色

无彩色是指除了彩色以外的其他颜色，常见的有金、银、黑、白、灰色。明度从0变化到100，而彩度很小，接近于0。

♣ 1.4　色彩的三大属性

就像人类可以从性别、年龄、人种等性质上判别个体的属性一样，色彩也具有其独特的三大属性：色相、明度、纯度。任何色彩都有色相、明度、纯度三个方面的性质，这三种属性是界定色彩感官识别的基础。灵活地应用三大属性变化，是色彩设计的基础。通过色彩的色相、明度、纯度的共同作用才能更加合理地达到某些目的或效果作用。"有彩色"具有色相、明度和纯度三个属性，"无彩色"只拥有明度。

1.4.1 色相

色相就是色彩的"相貌"，色相与色彩的明暗无关，是区别色彩的名称或种类。色相是根据该颜色光波长短划分的，只要色彩的波长相同，色相就相同，波长不同才产生色相的差别。例如，明度不同的颜色但是波长处于 780 ~ 610nm 范围内，那么这些颜色的色相都是红色。

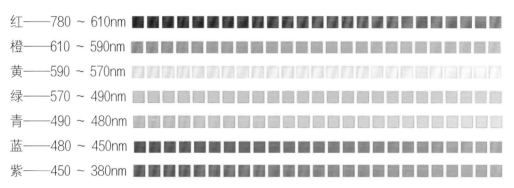

红——780 ~ 610nm
橙——610 ~ 590nm
黄——590 ~ 570nm
绿——570 ~ 490nm
青——490 ~ 480nm
蓝——480 ~ 450nm
紫——450 ~ 380nm

说到色相就不得不了解一下什么是"三原色"、"二次色"和"三次色"。三原色是三种基本原色构成，原色是指不能通过其他颜色的混合调配而得出的"基本色"。二次色即"间色"，是由两种原色混合调配而得出的。"三次色"即是由原色和二次色混合而成的颜色。

三原色：　　红　蓝　黄

二次色：　　橙　绿　紫

三次色：　　红橙　黄橙　黄绿　蓝绿　蓝紫　红紫

"红、橙、黄、绿、蓝、紫"是日常中最常听到的基本色，在各色中间加插一个中间色，即可制出十二基本色相。

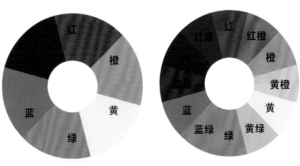

在色相环中，穿过中心点对角线位置的两种颜色是互补色，即角度为180°的时候。因为这两种色彩的差异最大，所以当这两种颜色相互搭配并置时，两种色彩的特征会相互衬托得十分明显。补色搭配也是常见的配色方法。

红色与绿色互为补色。紫色和黄色互为补色。

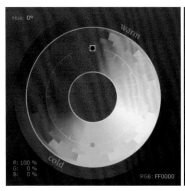 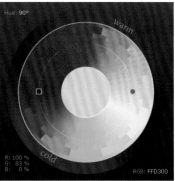

1.4.2　明度

明度是眼睛对光源和物体表面明暗程度的感觉，主要是由光线强弱决定的一种视觉经验。明度也可以简单地理解为颜色的亮度。明度越高，色彩越白越亮，反之则越暗。

高明度　　　　　中明度　　　　　低明度

色彩的明暗程度有两种情况，既同一颜色的明度变化和不同颜色的明度变化。不同的色彩也都存在明暗变化，其中黄色明度最高，紫色明度最低，红、绿、蓝、橙色的明度相近，为中间明度。同一色相的明度深浅变化效果如下图所示。

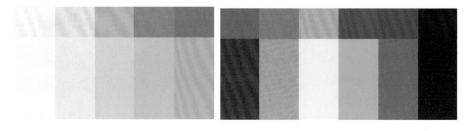

使用不同明度的色块可以帮助表达画面的感情。在不同色相中的不同明度效果，以及在同一色相中的明度深浅变化效果，如下图所示。

1.4.3 纯度

纯度是指色彩的鲜浊程度，也就是色彩的饱和度。物体的饱和度取决于该物体表面选择性的反射能力。在同一色相中添加白色、黑色或灰色都会降低它的纯度。有彩色与无彩色的加法如下。

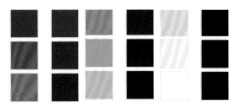

色彩的纯度也像明度一样有着丰富的层次，使得纯度的对比呈现出变化多样的效果。混入的黑、白、灰成分越多，则色彩的纯度越低。以红色为例，在加入白色、灰色和黑色后其纯度都会随着之降低。

高纯度　　　中纯度　　　低纯度

在设计中可以采用控制色彩纯度的方式对画面进行调整。纯度越高，画面颜色效果越鲜艳、明亮，给人的视觉冲击力越强；反之，色彩的纯度越低，画面的灰暗程度就会增加，其所产生的效果就更加舒适、柔和。高纯度给人一种明艳的感觉，而低纯度则给人一种灰暗的感觉。

♣ 1.5 色彩的心理感受

色彩是神奇的，它不仅具有独特的三大属性，还可以通过不同属性的组合给人们带来冷、暖、轻、重、缓、急等不同的心理感受。色彩的心理暗示往往可以在悄无声息的情况下对人们产生影响，在进行作品设计时将色彩的原理融合于整个作品中，可以让设计美观而舒适。色彩不仅可以让人感到清爽、甜蜜，还能让人感受到信任或恐惧，甚至能让人感受到微风拂面，不相信？下面就来了解一下色彩的魔力吧！

1.5.1 色彩是有重量的

其实颜色本身是没有重量的，但是有些颜色给人一种重量感。例如，同等重量的白色与蓝色物体相比，蓝色会给人感觉更重些。若再与同等的黑色物体相比，黑色又会看上去更重些。

1.5.2 色彩的冷暖

色彩是有冷暖之分的。色相环中绿一边的色相称为冷色，红一边的色相称为暖色。冷色使人联想到海洋、天空、夜晚等，传递出一种宁静、理智、深远的感觉，所以炎热的夏天，在冷色环境中会让人感觉到舒适。暖色则使人联想到太阳和火焰等，给人们一种温暖、热情、活泼的感觉。

1.5.3　前进色和后退色

色彩具有前进感和后退感，有的颜色看起来向上凸出，而有的颜色看起来向下凹陷，其中显得凸出的颜色被称为前进色，而显得凹陷的颜色被称为后退色。前进色包括红色、橙色等暖色，而后退色则主要包括蓝色和紫色等冷色。同样的图片，红色会给人更靠近的感觉。

♣ 1.6　什么是色调

色调不是指颜色的性质，而是对画面整体颜色的概括评价，是色彩配置所形成的一种画面色彩的总体倾向。例如在室内颜色的搭配时采用了大面积的紫色，通常我们会称之为紫色调，而画面整体具有黄绿色倾向的图像我们则会称之为黄绿色调。

这种在不同颜色的物体上，笼罩着某一种色彩，使不同颜色的物体都带有同一色彩倾向，这样的色彩现象就是色调。在色彩的三要素中，某种因素起主导作用，我们就称之为某种色调。通常情况下可以从纯度、明度、冷暖、色相四个方面来定义一幅作品的色调。

纯色调：纯色调是利用纯色进行色彩搭配的色调。

明度色调：在纯色中加入白色的色调效果被称为"亮色调"；在纯色中加入灰色所形成的色调被称为"中间色调"；在纯色中添加黑色所形成的色调被称为"暗色调"。

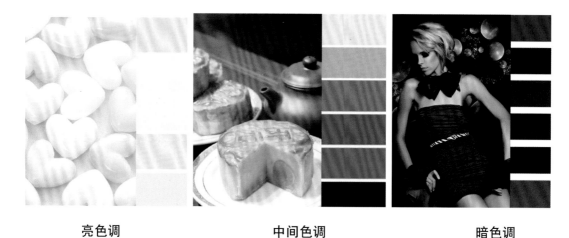

亮色调　　　　　　　　　中间色调　　　　　　　　　暗色调

冷暖色调：冷色与暖色是依据视觉心理感受对色彩进行的分类。波长较长的红光和橙色光、黄色光，本身有温暖的感觉。相反，波长较短的紫色光、蓝色光、绿色光则给人一种寒冷的感觉。暖色调往往让人感觉亲近，它有前进感和扩张感，而冷色调则有收缩感和后退感，让人感觉冷静和疏远。

色相色调：是根据事物的固有色定义的色调，例如红色系、绿色系等。

♣ 1.7　主色、辅助色与点缀色

在一幅画面中可以包含很多种颜色，在进行室内设计时也会应用到多种颜色，作为设计师需要了解的画面颜色主要分为三大类：主色、辅助色和点缀色。不同类型的色彩起到不同的作用，它们相辅相成，关联密切。主色是占据作品色彩面积最多的颜色。辅助色是与主色搭配的颜色。点缀色是用来点缀画面的颜色。

1.7.1　主色

主色是占据作品色彩面积最多的颜色。主色决定了整个作品的基调和色系。其他色彩如辅助色和点缀色，都将围绕主色进行选择，只有辅助色和点缀色能够与主色协调时，作品整体看起来才会和谐完整。

☑ 画面以红色为主色调，白色和木质色为辅助色。白色有提亮画面整体色调的作用，木质色有稳定画面颜色的作用。

| 0,93,90,31 | 0,3,6,4 | 0,31,38,95 | 0,35,66,43 |

1.7.2　辅助色

辅助色，顾名思义就是为了辅助和衬托主色而出现的，通常会占据作品的1/3左右。辅助色一般比主色略浅，否则会产生喧宾夺主或头重脚轻的感觉。

☑ 整个空间以驼色为主色调，使用椰褐色作为辅助色，暖黄色的灯光让整个空间色调温馨浪漫，富有格调。

| 0,42,66,30 | 0,57,57,73 | 0,20,71,8 | 0,74,73,44 |

1.7.3 点缀色

点缀色是为了点缀主色和辅助色而出现的，通常只占据作品很少的一部分。辅助色的面积虽然比较小，但是作用很大。良好的主色和辅助色的搭配，可以使作品的某一部分突出或使作品整体更加完美。

☑ 空间整体以白色为主色调，椰褐色的门与白色的合理搭配让空间整体层次突出。合理地搭配蓝色让整个空间带着清新整洁的味道，黄色的花朵点缀空间呈现出自然清新的氛围。

| 0,0,0,0 | 0,69,65,81 | 48,17,0,27 | 0,18,99,3 |

第 2 章

基础色与
室内设计
Part Two

Ji Chu Se Yu Shi Nei She Ji

♣ 2.1 红

红色：红色是最抢眼的颜色，红色能够对视觉起到强烈的冲击作用。红色在中国代表着喜庆和吉祥，也象征着活力与激情。在室内设计中，红色的使用方法大致可以分为以下两类：大胆地使用大红、桃红、金红等亮度高的色彩，让家居中的张扬直接跃然于目。如果担心使用红色过于张扬，则可以将红色作为室内的点缀色。

正面关键词：热情、活力、兴旺、女性、生命、喜庆。

负面关键词：邪恶、停止、警告、血腥、死亡、危险。

洋红	胭脂红	玫瑰红
0,100,46,19	0,100,70,16	0,88,57,10
朱红	猩红	鲜红
0,70,82,9	0,100,92,10	0,100,93,15
山茶红	浅玫瑰红	火鹤红
0,59,50,14	0,44,35,7	0,27,27,4
鲑红	壳黄红	浅粉红
0,36,44,5	0,20,27,3	0,9,12,1
博朗底酒红	机械红	威尼斯红
0,75,56,60	0,100,76,36	0,96,90,22
宝石红	灰玫红	优品紫红
0,96,59,22	0,41,35,24	0,32,15,12

应用实例：

♣ 红色与黑色的搭配一直都是凝练的经典。红色带来热烈、喜庆的感官体验，在精简主义的设计理念下，红色就是空间中跳动的精灵。

♣ 运用欢快而热情的红色，使整个居室充满了喜庆、欢快的气氛。

♣ 红色与灰色搭配，在统一的鲜亮色调中加入素雅的暗色色调，会显得格调高雅、富有现代气息。

♣ 2.2 橙

橙色：橙色的魅力在于它充满健康、活力，散发着无限冲劲。暖暖的橙色，带着挡也挡不住的温暖。柔美又明媚的橙色有着让人无法抗拒的力量。在家居空间中添加一抹橙色，让空间灵动、温暖起来。

正面关键词：温暖、兴奋、欢乐、放松、舒适、收获。

负面关键词：陈旧、隐晦、反抗、偏激、境界、刺激。

橘	柿子橙	橙
0,64,86,8	0,54,74,7	0,54,100,7
阳橙	热带橙	蜜橙
0,41,100,5	0,37,77,5	0,22,55,2
杏黄	沙棕	米
0,26,53,10	0,9,14,7	0,10,26,11
灰土	驼色	椰褐
0,13,32,17	0,26,54,29	0,52,80,58
褐色	咖啡	橘红
0,48,84,56	0,29,67,59	0,73,96,0
肤色	赭石	酱橙色
0,22,56,2	0,36,75,14	0,42,100,18

应用实例：

❖ 暖暖的橙色，阳光照射进来，更加温暖。宽敞的客厅、适当的摆设，恰到好处地达到了调节视线的效果。

❖ 客厅大面积的橙色与棕色的搭配给人带来尊贵、神秘的感觉。

❖ 使用橙色的家具来点缀空间细节，恰到好处地营造出空间的温纯感，极大提升了整体空间的品质感，在视觉上也更加饱满起来。

♣ 2.3 黄

黄色：以黄色为基调的室内布置给人醒目、活力的感觉。黄色色彩非常纯粹、鲜亮，在对比色的衬托下，黄色的力量会无限扩大，使整个室内充满希望和生机，黄色同时也是智慧的象征。

正面关键词：透明、辉煌、权利、开朗、阳光、热闹。

负面关键词：廉价、庸俗、软弱、吵闹、色情、轻薄。

黄	铬黄	金色
0,0,100,0	0,18,100,1	0,16,100,0
茉莉黄	奶黄	香槟黄
0,13,53,0	0,8,29,0	0,3,31,0
月光黄	万寿菊黄	鲜黄
0,4,61,0	0,31,100,3	0,5,100,0
含羞草黄	芥末黄	黄褐
0,11,72,7	0,8,55,16	0,27,100,23
卡其黄	柠檬黄	香蕉黄
0,23,78,31	6,0,100,0	0,12,100,0
金发黄	灰菊色	土著黄
0,9,63,14	0,3,29,11	0,10,72,27

应用实例：

❖ 白色与黄色相互映衬，突显出活泼、亮丽的氛围。灿烂的黄色耀眼夺目，是温暖阳光的代言人。

❖ 柔和的黄色调，像成熟了的橘子，散发着甘甜的味道。在家居空间中，黄色调的配色方案可以给人一种温馨、浪漫的气息。

❖ 图中的室内空间整体采用无彩色的配色方案，利用鲜艳的黄色作为点缀色，活跃了整个空间的气氛，减少了无彩色所带来的单调乏味之感。

♣ 2.4 绿

绿色：绿色总是能够让人联想到春天、生命，是积极向上的。绿色会让人心态平和，给人轻松、宁静的感觉。同时绿色也是最能让眼球得到休息的颜色，多看绿色的植物可以缓解眼部疲劳。室内墙体或点缀有时会采用绿色。

正面关键词：和平、宁静、自然、环保、生命、成长、生机、希望、青春。

负面关键词：土气、庸俗、愚钝、沉闷。

黄绿	苹果绿	嫩绿
9,0,100,16	16,0,87,26	19,0,49,18
叶绿	草绿	苔藓绿
17,0,47,36	13,0,47,23	0,1,60,47
橄榄绿	常春藤绿	钴绿
0,1,60,47	51,0,34,51	44,0,37,26
碧绿	绿松石绿	青瓷绿
88,0,40,32	88,0,40,32	34,0,16,27
孔雀石绿	薄荷绿	铬绿
100,0,39,44	100,0,33,53	100,0,21,60
孔雀绿	抹茶绿	枯叶绿
100,0,7,50	2,0,42,27	6,0,32,27

应用实例：

❀ 绿色能使我们的心情变得格外明朗。应用常春藤绿色的家居设计，为炎炎夏日带来的一抹清凉。

❀ 绿色能够带来一种独特的自然之美，在该图中，绿色调的应用，可以为空间增加通透、清新之感。

❀ 黄绿色的配色方案给人一种舒缓、放松、自然之感，这样的配色应用在卧室中，有助于放松人的心情，让人尽情地享受生活。

♣ 2.5 青

青色：青色是一种介于蓝色和绿色之间的颜色，因为没有统一的规定，所以对于青色的定义也是不尽相同。青色颜色较淡时可以给人一种淡雅、清爽的感觉；当青色较深时则会给人一种阴沉、忧郁的感觉。

正面关键词：清脆、伶俐、欢快、劲爽、淡雅。

负面关键词：冰冷、沉闷、华而不实、不踏实。

蓝鼠	砖青色	铁青
37,20,0,41	43,26,0,31	50,39,0,59
鼠尾草	深青灰	天青色
49,32,0,32	100,35,0,53	43,17,0,7
群青	石青色	浅天色
100,60,0,40	100,35,0,27	24,4,0,12
青蓝色	天色	瓷青
77,26,0,31	32,11,0,14	22,0,0,12
青灰色	白青色	浅葱色
30,10,0,35	7,0,0,4	24,3,0,12
淡青色	水青色	藏青
12,0,0,0	61,13,0,12	100,70,0,67

应用实例：

❖ 青色传递着清爽、高雅的意境。当因都市生活的奔忙而烦躁不安时，青色为你装扮出一份舒适和清爽。

❖ 天色和抹茶绿色的搭配，让整个居室的气氛安静下来。

❖ 青灰色的空间给人一种理智、安静的感觉。

♣ 2.6 蓝

蓝色：蓝色是永恒的象征。纯净是它给人的第一印象，通常让人联想到海洋、天空、水、宇宙。纯净的蓝色表现出美丽、冷静、理智、安详与广阔。蓝色能让空间的气氛瞬间安静下来，一切的喧嚣扰攘似乎都被隔绝在外。无论在外多么烦躁与疲惫，回到家，回到这个宁静的港湾，所有的压力似乎都可以被包容、被融化。常在墙面、家具中使用蓝色。

正面关键词： 纯净、美丽、冷静、理智、安详、广阔、沉稳、商务。

负面关键词： 无情、寂寞、阴森、严格、古板、冷酷。

天蓝色	蓝色	蔚蓝色
100,50,0,0	100,100,0,0	100,26,0,35
普鲁士蓝	矢车菊蓝	深蓝
100,41,0,67	58,37,0,7	100,100,0,22
单宁布色	道奇蓝	国际旗道蓝
89,49,0,26	88,44,0,0	100,72,0,35
午夜蓝	皇室蓝	浓蓝色
100,50,0,60	71,53,0,12	100,25,0,53
蓝黑色	玻璃蓝	岩石蓝
92,61,0,77	84,52,0,36	38,16,0,26
水晶蓝	冰蓝	爱丽丝蓝
22,7,0,7	11,4,0,2	8,2,0,0

应用实例：

❀ 蓝色和白色的搭配，交织出如诗如画的情景，呈现出一种宁静、平和的家居环境。

❀ 蓝色应用于家居设计中，总能给人清澈、浪漫的感觉。

❀ 蓝色具有独特的风情，美丽中洋溢着冷静理智，淡雅明快中透出清凉广阔，蓝色的应用为居室营造出纯净明媚的气氛，让家居空间露出最纯净的表情。

♣ 2.7 紫

紫色：紫色，永远是浪漫、梦幻、神秘、优雅、高贵的代名词，它独特的魅力、典雅的气质吸引了无数人的目光。紫色向来给人一种飘忽魅惑的感觉，常用在需要体现神秘、优雅、高贵等气氛的空间设计中。沙发、窗帘、床等家具和装饰中常使用紫色。与金色搭配效果非常好，非常高雅、奢华。

正面关键词：优雅、高贵、梦幻、庄重、昂贵、神圣。

负面关键词：冰冷、严厉、距离、诡秘。

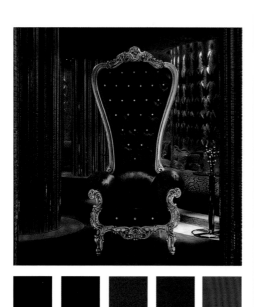

紫藤	木槿紫	铁线莲紫
28,43,0,38	21,49,0,38	0,12,6,15
丁香紫	薰衣草紫	水晶紫
8,21,0,20	6,23,0,31	5,45,0,48
紫	矿紫	三色堇紫
0,58,0,43	0,11,3,23	0,100,29,45
锦葵紫	蓝紫	淡紫丁香
0,50,22,17	0,35,20,18	0,5,3,7
浅灰紫	江户紫	紫鹃紫
0,13,0,38	29,43,0,39	0,34,18,29
蝴蝶花紫	靛青色	蔷薇紫
0,100,30,46	42,100,0,49	0,29,13,16

应用实例：

♣ 紫色温馨而浪漫，像秋日里普罗旺斯的薰衣草，芳香而充满了幻想。

♣ 当紫色与黑色搭配时则透着雍容、华贵之感。

♣ 紫色是神秘色，它将红色的热烈、兴奋和蓝色的宁静、沉着集于一身，热情洋溢与微妙淡定。

♣ 2.8　黑、白、灰

　　黑、白、灰色调因其独立性而自成色调，是最经典的颜色。在设计中，黑、白、灰通过明度、纯度的不断变化为画面营造更加强烈的空间感。黑、白、灰是无彩色，通常情况下会与有彩色进行搭配，这样就会突破无彩色的平铺直叙，使得画面更加灵动、洒脱。

白色	10% 亮灰	20% 银灰
0,0,0,0	0,0,0,10	0,0,0,20
30% 银灰	40% 灰	50% 灰
0,0,0,30	0,0,0,40	0,0,0,50
60% 灰	70% 昏灰	80% 炭灰
0,0,0,60	0,0,0,70	0,0,0,80
90% 暗灰	黑	红灰
0,0,0,90	0,0,0,100	0,30,30,44
橙灰	黄灰	绿灰
0,7,20,17	0,1,25,31	22,0,27,52
青灰	蓝灰	紫灰
30,4,0,29	35,27,0,15	24,35,0,15

应用实例：

　　✤ 纯白色家居可以说是一种永不过时的颜色搭配。那种与世无争的清丽，昭示着宁静与纯洁。

　　✤ 白色、黑色相互映衬，色调虽显单一，但表现力却不单调，十分适合呈现理性、含蓄和现代感。

　　✤ 黑色是永不过时的经典，在该图中，以黑色与灰色进行搭配，充分展现了现代装饰风格的冷静与理智。

第 3 章

室内设计的
色彩搭配
Part Three

Shi Nei She Ji De Se Cai Da Pei

节奏法则 / 平衡法则 / 比例法则 / 强调法则 / 和谐法则

　　室内设计色彩搭配法则主要分为 5 种，分别为节奏法则、平衡法则、比例法则、强调法则、和谐法则。

- ✎ 节奏法则是指色彩的搭配具有较为明显的变化，通常分为冲突和跳跃。
- ✎ 平衡法则是指色彩的搭配具有较为平衡性，通常分为对称和和谐。
- ✎ 比例法则是指色彩的搭配具有比例的感觉，通常分为柔媚和点缀。
- ✎ 强调法则是指色彩的搭配具有强调的作用，通常分为创意和突出。
- ✎ 和谐法则是指色彩的搭配具有和谐、统一的感觉，通常分为品质和柔美。

　　☞ 色彩的搭配有法则可循，但是并不是一成不变的，要根据实际情况进行判断。掌握好常用的搭配法则，便于制作出更有画面感的作品。一起来试一下吧！☜

3.1.1　节奏法则——冲突

✎ **色彩说明：** 作品以棕色为主色，绿色和月牙黄色为冲突色，产生强烈的视觉效果。

✐ **设计理念：** 室内设计中常会使用具有冲突的色彩，不仅体现在颜色本身，而且面积、形状也会起到作用。

0,36,90,23	❶ 棕色的大面积使用带给人沉稳的感觉。
45,0,80,18	❷ 月牙黄色的适当点缀展现出空间的神秘感。
0,51,79,69	❸ 绿色在该作品中起到了冲突的作用。

✌ **色彩延伸：**

3.1.2　节奏法则——跳跃

✎ **色彩说明：** 黄色在室内设计中常常见到，可以传递出温暖、温柔、活泼、跳跃的色彩情感。

✐ **设计理念：** 黄色体现积极、乐观的生活方式，人们常常会大面积使用黄色装点居室。

0,19,83,0	❶ 作品中的设计风格深受年轻人的喜爱。
0,9,29,32	❷ 大面积黄色的使用体现了年轻人对时尚、温馨家居氛围的追求。
0,5,21,0	❸ 采用类色的配色原理进行色彩搭配，使整个空间色调和谐统一。

✌ **色彩延伸：**

3.1.3 平衡法则——对称

✎ **色彩说明：**作品以蓝色和白色为主，并且颜色分布较为平均。

✐ **设计理念：**对称的色彩是指颜色在家居设计中分布较为平衡、对称，视觉冲突较小，适合各种装饰风格。

2,0,0,2	❶ 作品采用对称式的布局原则，在视觉上打造一种平衡之感。
26,14,0,14	❷ 画面中蓝色和白色采用对称式分布。
79,52,0,47	❸ 蓝色更能呈现出干净、清爽的感觉。

✌ **色彩延伸：**

3.1.4 平衡法则——和谐

✎ **色彩说明：**粉色代表甜美、浪漫、纯真，且带有浓重的幻想色彩，符合现代年轻女性的心理特点。

✐ **设计理念：**该作品中粉色和白色的使用，给人留下浪漫、纯真、美好的印象。使用中粉作为背景色平衡了画面中深粉与浅粉的搭配，使整个画面更显和谐。

1,0,3,24	❶ 作品以粉色调为主，营造出甜美、浪漫的氛围。
1,1,0,5	❷ 画面中粉红色和粉色的分布比较对称。
0,6,79,6	❸ 整个空间含蓄、和谐，没有在视觉上产生明显的刺激。

✌ **色彩延伸：**

3.1.5　比例法则——柔媚

✎ **色彩说明：** 紫色给人高贵、神秘、优雅之感，在家居空间中使用紫色，可以增加空间温馨、浪漫之感。

✐ **设计理念：** 在家居设计中大量运用和谐的色彩。此装修风格适合各种家居。

5,21,0,22	❶ 类似色的配色方案使整个空间色调和谐、统一。
49,83,0,53	❷ 紫色体现出高贵、神秘、时尚、优雅的现代化气息。
0,50,1,49	❸ 画面中紫色的分布协调合理。

✌ **色彩延伸：**

3.1.6　比例法则——点缀

✎ **色彩说明：** 简约的黑白设计，精选的家具，让整个居室儒雅、温馨。

✐ **设计理念：** 多元风格的空间设计很是抢眼，细腻、浪漫的现代元素与朴素、简约古典的元素相结合，给整个空间打造出细腻质感。

67,42,0,95	❶ 这是一个偏向于新古典风格的客厅设计。
10,6,0,4	❷ 镜面欧式花纹体现出唯美、浪漫的现代气息。
42,23,0,28	❸ 多以黑白进行搭配，让整个空间简洁、大气。

✌ **色彩延伸：**

3.1.7 强调法则——创意

✎ **色彩说明：** 在这个空间中明暗的对比十分强烈，利用明暗对比将空间分为两个区域，这让身处在这个空间中的人有了更多层次的感受。

✐ **设计理念：** 这是一个办公空间休息区的设计，可爱的像素画能够给人一种轻松、愉悦的心理感受。

78,73,73,44
54,34,7,0
7,6,85,0

❶ 由于光线、配色的关系，黑色在这个空间中并不觉得沉闷，反而多了几分个性。
❷ 黄色是空间的点缀色，有调节空间气氛、提高空间温度的作用。
❸ 几样简约、现代的家具，也为这个空间增色添彩。

✌ **色彩延伸：** ◼◼◻◼◼◻ ◼◼◻◻◻ ◻◼◻◻◼

3.1.8 强调法则——突出

✎ **色彩说明：** 作品以白色为主色，黑色和红色为冲突色，产生强烈的视觉效果。

✐ **设计理念：** 室内设计中常会使用具有强调突出作用的色彩，这种作用不仅体现在颜色本身的使用上，颜色的面积、形状也会起到强调突出作用。

1,1,0,1
0,93,91,42
0,0,0,100

❶ 大面积的白色让人产生无限的遐想。
❷ 不规则形状的黑色体现出神秘感。
❸ 红色在该作品中起到了冲突的作用。

✌ **色彩延伸：** ◻◻◻◻◻ ◻◻◻◻◻ ◼◼◼◼◼

3.1.9 和谐法则——品质

📎 **色彩说明:** 黄色给人印象明快、愉悦、温暖、亲切、柔和的感觉,是在家居设计中经常被大量运用的色彩。黄色系适用范围极广,无论是卧室还是厨房客厅,黄色系的设计总能为家居带来不一样的趣味。

✎ **设计理念:** 室内设计作品给人的第一印象极为重要,黄色系第一眼便给人亲切、愉悦的感觉。

0,17,90,4	❶ 这是一幅客厅一角的画面。
0,16,71,23	❷ 画面中多运用黄色调。
0,10,46,10	❸ 淡淡的黄色更能体现安逸、宁静的感觉。

✌ **色彩延伸:**

3.1.10 和谐法则——柔美

📎 **色彩说明:** 统一原则是指在家居设计中采用具有相同色相,或相同纯度、明度的色彩进行设计搭配。

✎ **设计理念:** 这幅卧室设计作品采用一致的颜色,给人简洁大方、干净优雅的印象。

0,27,29,1	❶ 中明度、中纯度的色彩搭配可以给人柔和、温柔的视觉感受。
0,9,35,5	❷ 柔和的色调应用在卧室中,给人放松、舒适之感。
3,0,47,23	❸ 作品倾向于暖色调,可以使空间温暖而又温馨。

✌ **色彩延伸:**

♣ 3.2　色彩搭配的常用方式

单色搭配 / 互补色搭配 / 三角形搭配 / 矩形搭配 / 类似色搭配 / 类似色搭配互补色

　　色彩搭配主要分为 6 种，分别为单色搭配、互补色搭配、三角形搭配、矩形搭配、类似色搭配、类似色搭配互补色。

　　✍ 单色搭配是指同一色系的颜色进行搭配，如大红色搭配粉红色。

　　✍ 互补色搭配是指互补的颜色进行搭配，如红色搭配绿色，黄色搭配紫色。

　　✍ 三角形搭配是指在色环中成三角形分布的色彩搭配，如红黄蓝搭配。

　　✍ 矩形搭配是指在色环中成矩形分布的色彩搭配，如红黄绿蓝搭配。

　　✍ 类似色搭配是指临近的颜色搭配，如红橙黄搭配。

　　✍ 类似色搭配互补色是指多种类似色搭配互补色，如红橙黄搭配蓝色。

　　☞　如果在家居中选择了一个自己喜欢的颜色，那么不妨尝试一下添加其他颜色，看一下是否会产生空间的节奏感！当然需要注意颜色搭配不要太过冲突，毕竟是自己将要居住生活的空间，给心灵一份宁静和安逸才是最好的！☜

3.2.1 单色搭配——炽热

🖎 **色彩说明:** 可以制造整个空间的节奏,降低单一颜色的沉闷感,保证视觉和感觉上的重点突出,避免两种颜色的表现力过于均衡,缺乏冲击力。红色代表炽热、积极,而且多个邻近色搭配在一起,看起来和谐,效果上也会让人感到舒服。

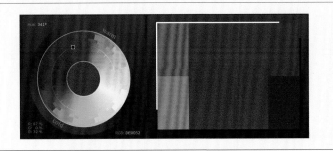

✍ **单色搭配:**

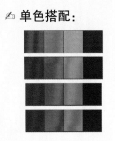

✌ **单色赏析:**

3.2.2 单色搭配——畅想

🖎 **色彩说明:** 蓝色代表海洋,给人一种无限的畅想,几种邻近蓝色搭配到一起,过渡柔和,显得十分干净、美观。

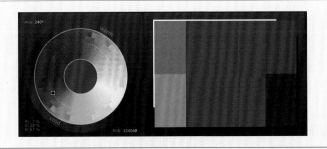

✍ **单色搭配:**

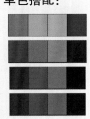

✌ **色彩延伸:**

3.2.3 互补色搭配——强烈

✎ **色彩说明**：色环上相对的两种色彩的搭配为互补色搭配。互补色搭配使用时要慎重，避免出现对比太过刺激的颜色，否则不适合居住环境使用。在家居设计中使用互补色搭配可以起到画龙点睛的效果。因此可以使用大面积 + 小面积的对比色进行搭配。

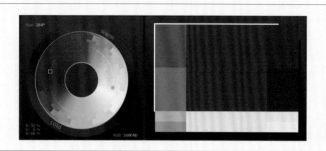 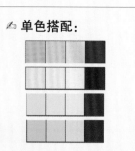

✍ **单色搭配：**

✌ **互补色赏析：**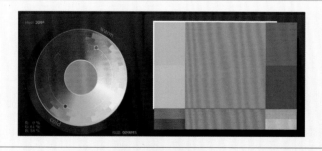

3.2.4 互补色搭配——流行

✎ **色彩说明**：颜色纯度略低的色彩进行互补色搭配是不错的选择，既有色彩的对立感，又有柔和的混合感，是家居设计中常用的一种流行的搭配方法。

✍ **单色搭配：**

✌ **色彩延伸：**

3.2.5　三角形搭配——时尚

✎ **色彩说明**：三角形搭配是一种能使得家居环境变得生动的搭配方式，即使使用了低饱和度的色彩。在使用三角形搭配的时候一定要选出一种色彩作为主色，另外两种作为辅助色。在室内设计中常使用这种配色方法。

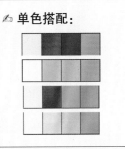

✍ **单色搭配：**

✌ **优秀赏析**：

3.2.6　三角形搭配——优雅

✎ **色彩说明**：三角形搭配是一种非常好用的搭配，一般来说，在家居设计中使用三角形色彩搭配的画面对比强烈，且不易使色彩产生混乱的感觉。

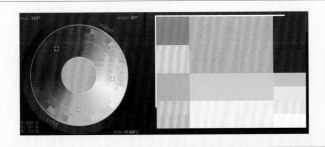
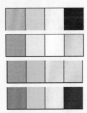

✍ **单色搭配：**

✌ **色彩延伸**：

3.2.7 矩形搭配——节奏

✎ **色彩说明：** 同样是互补色搭配的变体，相比互补色，这个搭配把这种色彩都替换成了类似色。这种搭配的色彩非常丰富，能使画面产生节奏感。当其中一种色彩作为主要色时，这种搭配能取得良好的效果。

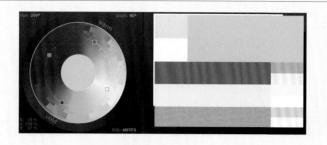

✍ **单色搭配：**

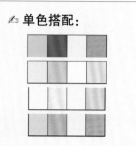

✌ **室内赏析：**

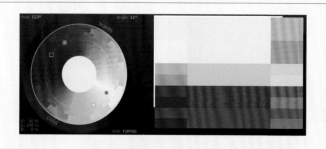

3.2.8 矩形搭配——活跃

✎ **色彩说明：** 色彩有助于渲染家居情境。矩形色彩搭配不但可用于让人活跃的室内设计中，而且可用于让人沉静下来的室内设计中。正确地选择色彩，可以创造优雅、温暖、宁静的气氛，可以绘制活跃而不拘束的青春。

✍ **单色搭配：**

✌ **室内赏析：**

3.2.9 类似色搭配——协调

✎ **色彩说明：** 类似色是色彩较为相近的颜色，室内设计中应用类似色可以营造出更为协调、平和的氛围。由于颜色深浅和纯度的变化，不同的类似色用在同一个房间中所制造的效果会完全不同。

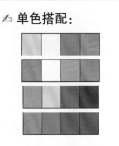

✐ **单色搭配：**

✎ **室内赏析：**

3.2.10 类似色搭配——活泼

✎ **色彩说明：** 类似色是指在色相环上 90° 以内的色彩组合。这些色彩因色相之间含有共同的因素，比同一色相明显丰富、活泼。这些色彩既有共性又有对比，是较容易运用的配色。

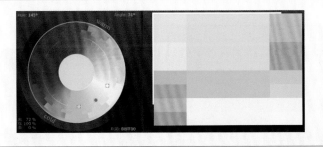
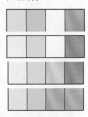

✐ **单色搭配：**

✌ **色彩延伸：**

3.2.11 类似色搭配互补色——趣味

✎ **色彩说明：**这种配色方案可以使房间显得生机勃勃、有趣味，适用设计工作室、休息室的装修颜色。这种搭配让颜色变得柔和，但还能保持互补色醒目的特点及视觉上的趣味性。

 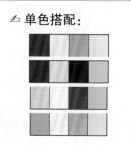

✎ **单色搭配：**

❦**色彩延伸：**

3.2.12 类似色搭配互补色——缤纷

✎ **色彩说明：**几种类似色会柔和、微妙地变化，而搭配这几种类似色的对比色，会出现以一种颜色和多种颜色进行对比的效果，非常漂亮、缤纷。

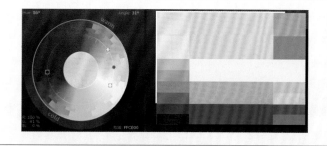 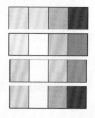

✎ **单色搭配：**

❦**室内赏析：**

♣ 3.3 色彩与家居环境

3.3.1 色彩与空间调整——幽静

色彩和室内空间、家具的材料紧密地联系在一起。恰当地运用色彩调和与量的关系，会更好地体现出空间的魅力。室内空间色彩讲究色彩基调相一致，作为一个设计整体，把握大的色彩氛围和张扬个性、突出个别偏好同样重要。

29,6,0,93	❶ 作品中，对称式的布局方式，给人一种平衡、稳定之感。
0,14,56,8	❷ 黄色调的点缀让空间整体更显柔和幽静。
0,0,1,41	❸ 雕刻精美的欧式挂镜呈现出精致典雅的视觉效果。

色彩延伸：

张扬个性	创新设计	整体统一

配色方案：

双色配色	三色配色	四色配色	五色配色

3.3.2 色彩与空间调整——通透

空间中色彩的面积、形状、位置、方向等因素都可能对室内空间起到一定的调节功能。可以改变这些因素调整整体格调，创造出舒适宜人的室内环境。

| 2,0,47,26 |
| 0,3,3,22 |
| 0,3,48,10 |

❶ 这是一幅阁楼的室内家居设计。

❷ 绿色系的合理搭配能提升空间通透感，放大空间。

❸ 作品柔和的配色方案，深受女孩子的喜欢。

视觉效果：

视觉放大	视觉缩小	提升高度

配色方案：

双色配色	三色配色	四色配色	五色配色

3.3.3 自然光及气候适应——淡雅

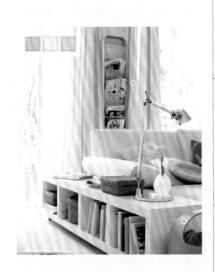

0,15,69,11
0,6,65,1
9,0,2,19

在室内设计中不仅要考虑空间的色彩，而且也要考虑到自然光和气候等问题，自然光和气候都会对空间的效果产生一定的变化。很好地应用自然光可以制作出意想不到的效果，比如很多设计作品中常会见到自然光和阴影产生的强烈光影效果。

❶ 黄色与白色调的搭配营造出清新、愉快的氛围。

❷ 高大的落地窗带来了和煦美好的阳光。

❸ 作品打造出一个风格清新淡雅的客厅环境。

自然光：

清晨	正午	夜晚

配色方案：

双色配色	三色配色	四色配色	五色配色

3.3.4 自然光及气候适应 ——温暖

色彩在视觉心理上具有调节温度的作用，因此可运用不同的室内色彩搭配来配合不同地域、不同气候的需要。寒冷地区的室内应以选择暖色调为主，明度略低、彩度略高的色彩。温暖地区以选择偏冷色调为主，明度略高、彩度略低的色彩。

29,32,0,73
77,56,0,81
0,29,41,39

❶ 白色的墙壁搭配简单的线条，精致时尚。
❷ 柔柔的阳光点缀，突显空间的温馨氛围。
❸ 深色沙发的搭配在视觉上给人温暖的感觉。

季节与气候：

春天	夏天	秋天

配色方案：

双色配色	三色配色	四色配色	五色配色

3.3.5　色彩与室内材质——商务

　　材料质地的选用，是室内设计中直接关系到实用效果的重要环节。色彩可以营造氛围，同样的，利用不同的材质，也可以打造不一样的家居风格。该空间为中明度色彩基调，真皮的沙发为棕褐色，搭配上卡其色的墙壁使整个空间给人一种商务、气派的感觉。

25,43,65,0
54,97,90,38
63,75,85,40

❶ 在这个空间中暖色的光线营造了一种温暖、柔和的感觉。

❷ 棕色调倾向于暖色，在给人严肃的感觉之余还给人一种亲切感。

❸ 该空间采用的是单色调的配色方案，通过颜色明度的变化让空间颜色变得更加丰富。

✌ **色彩延伸：** ▦▦▦▦▦▦　▦▦▦▦▦▦　▦▦▦▦▦▦

材质：

布艺软包	欧式壁纸	马赛克贴砖

配色方案：

双色配色	三色配色	四色配色	五色配色

3.3.6 色彩与室内材质——自然

在室内设计中无论是造型结构还是材料的运用，都离不开色彩与材质的辅助功能。恰当的色彩与材质的运用能够让整个设计具有视觉冲击力，体现时代气息，它们的运用与大自然以及现代科技密切相关。室内装饰设计应该注重功能性、时代性、超前性，既追求经济实用，也注重形象美观。

0,1,49,16
0,3,7,38
3,0,69,46

❶ 苹果绿与白色调的搭配清新惬意。

❷ 碎花的布艺点缀为空间增添了温情的家庭氛围。

❸ 作品整体悠闲、舒畅、自然，富有生活情趣。

室内材质搭配：

黄土墙面	青砖墙面	黑沙墙面

配色方案：

双色配色	三色配色	四色配色	五色配色

3.3.7　色彩与阴影的关系——层次

阴影可以增加物体的体积感，而色彩可以产生空间感，因此色彩和阴影是密不可分的。形体是通过光影表现其面目的，从表面上看，一个有活力、有体量感的空间一定具有程度不同的阴影。因此阴影的合理与否直接会影响到空间的层次。

0,18,48,39 0,9,18,20 0,5,19,1	❶ 白色的吊灯、暖色的灯光烘托出空间整体的温馨氛围。 ❷ 绿色的点缀增加了空间的层次感。 ❸ 简单的陈设风格、随意的壁画瞬间提升了空间的时尚感。

阴影过渡：

柔和阴影	半柔和阴影	实体阴影

配色方案：

双色配色	三色配色	四色配色	五色配色

3.3.8　色彩与灯光的关系——神秘

灯光有冷暖之分，可以利用它来调节人们对室内光色的感觉。在室内正中装一只暖色调的白炽灯，发出的光线会给人温暖、平和、舒心、恬静的感觉；如果是偏冷色调的灯光，可使低矮、狭小的房间显得敞亮、开阔，同时会给人以冷静、梦幻的感觉。

| 10,30,0,47 |
| 0,7,38,1 |
| 0,13,29,38 |

❶ 紫色和金色的搭配赋予空间神秘感。
❷ 透明的乳白色浴帘、欧式花纹的镜子给室内增添了几分诱惑。
❸ 灯光为空间整体装点出妩媚梦幻感。

灯光来源：

直接照明	半直接照明	漫射照明

配色方案：

双色配色	三色配色	四色配色	五色配色

3.3.9　色彩与空间重心——时尚

色彩可以产生强烈的刺激感。在一幅画面中不同的颜色会产生不同的效果，当然也会产生空间的重心，而在空间中要想强调某个物体时，就可以在颜色搭配上将该物体色彩与周围物体进行对比。色彩的调配、空间的利用、家具的配置、灯光的设计以及各种装饰品的陈设等，都在说明搭配的基本要素是正确处理空间布置和色彩搭配关系。

24,26,0,79	
0,9,79,1	
65,66,0,25	

❶ 柠檬黄给人张扬、活跃、轻灵的视觉感。

❷ 普鲁士蓝给人沉稳大气的感觉。

❸ 夸张的壁画、条纹地毯、红色台灯等装饰赋予空间时尚艺术感。

空间重心：

家具重心	墙面重心	色彩重心

配色方案：

双色配色	三色配色	四色配色	五色配色

3.3.10　色彩与空间重心——沉稳

布置居室，使用功能是主要的，家具的选择与配置，色彩的调配，都要满足使用的需求，使人们在居室空间的生活舒适方便。要能通过装饰引发人们的联想，创造出一定的意境和氛围。比如可以产生沉稳的感觉。

5,2,0,0
70,35,0,18
0,0,0,98

❶ 这是一间适于男士的现代化书房。
❷ 黑色的桌椅、壁纸沉稳大气，内敛且具有强烈存在感。
❸ 金色的适当点缀让整个空间充满华丽的贵族气息。

色彩重心：

更改指定色彩	更改局部色彩	更改整体色彩

配色方案：

双色配色	三色配色	四色配色	五色配色

第 4 章

居住空间的
色彩搭配
Part Four

Ju Zhu Kong Jian De Se Cai Da Pei

居住空间可以分为客厅、卧室、厨房、书房、餐厅、卫浴等。不同的居住空间有不同的色彩搭配方式，比如卧室常使用暖色调体现舒适，客厅常使用浅色调体现明亮。居住空间按照元素划分包括墙面、地面、天棚、家具、织物、陈设、绿植等。

（1）墙面色彩

墙面是空间中面积最大的部分，面积超过地面和天棚的总和，因此是室内设计中最重要的部分，不可以忽略。很多人认为室内设计就是买好看的家具，用漂亮的陈设。这其实是不正确的，室内设计首先要对框架进行设计，也就是墙面、地面、天棚等。

白色	完全使用白色作为墙面时，较为枯燥、缺乏活力。
灰色	中性色调，会使空间看起来很暗，较为压抑。要与白色的天棚搭配，或是在墙面上挂装饰画来进行装点。
蓝色	蓝色是冷色调，可以增大空间感，让空间看起来更宽阔，更具浪漫气息。
褐色	褐色的墙面纯度非常低，缺少艳丽的色彩，常使用高纯度的陈设品进行装点。
黄色	暖色，不宜使用纯度太高的黄色，容易产生不舒服的感觉。宜使用米黄色，较为平和、舒适。
绿色	清冷的、安静的、可靠的，常使用纯度较低的深绿色或明度较低的浅绿色。
粉红	粉红色的墙面是少女喜欢的颜色，非常甜美、温柔、小清新。
橙色	橙色较为温暖，常用于厨房、餐厅的墙面，体现出愉悦轻松、开朗乐观的感觉。
紫色	紫色的乳胶漆墙面比较少用，常用在软包墙面上，显得高贵、奢华。

（2）地面色彩

地面是室内设计中很重要的部分，因为人们不可能时时刻刻接触墙面，但是要时时刻刻接触地面。地面的色彩、材质、纹理都是室内设计的一部分。

白色	白色的地面非常干净，比如白色木地板、瓷砖等。
灰色	灰色的地面比较耐脏，由于颜色较深会使得地面更具分量感，使用较多。
蓝色	蓝色地面很少使用，给人以清凉、舒爽或严谨、细致的感觉。
褐色	褐色的地面显得沉稳、干净，给人非常踏实的感觉。
黄色	黄色的地面富有上升感，让人感到愉悦、温馨。
绿色	绿色地面可以让人产生自然、柔软、放松的感觉。
粉红色	粉红色地面过于精致，较少采用。
橙色	橙色的地面给人感觉非常活跃、明快。
黑色	黑色地面、白色的天棚可以拉大空间感，黑色下沉、白色上浮。

（3）天棚色彩

不同色彩在不同的空间背景上所处的位置，对房间的性质、对心理知觉和感情反应可以造成很大的不同，一种特殊的色相虽然完全适用于地面，但当它用于天棚上时，则可能产生完全不同的效果。

白色	白色的天棚是使用最多的颜色，可以产生空旷、洁白的感觉，使人不压抑。
灰色	灰色的天棚较暗，很压抑，尽量少用。
蓝色	蓝色的天棚容易产生冷、重、闷的感觉，但是浅蓝色却能让人感觉清爽、舒适。
褐色	褐色的天棚沉闷压抑，不建议使用。
黄色	黄色的天棚容易让人感到光明和兴奋。
绿色	绿色的天棚不是很美观，而且绿色反射到皮肤上看起来不舒服。
黑色	居住空间不建议使用黑色的天棚，但在饭店、餐厅、超市、KTV等场所常使用黑色天棚，体现未知、不确定、想象。
粉红色	精致的、愉悦舒适的、甜蜜浪漫的，粉红色的天棚给人的感觉取决于个人喜好。
橙色	橙色的天棚容易让人产生光明、活泼的感觉。
紫色	除了非主要的面积，很少用于室内。在大空间里，紫色会扰乱视觉焦点，在心理上紫色表现为不安和抑制。

随性 / 时尚 / 素雅 / 轻松 / 典雅 / 舒适

　　客厅是人们日常生活中使用最为频繁的空间，由于客厅功能强大，常用来放松、游戏、娱乐、聊天、进餐等，并且常用来接待宾客，由此可见其重要性，客厅相当于是房子主人的"脸面"。客厅是整个房子中设计花费最高的空间，以充分体现主人的品位和审美。客厅的风格多样，比如现代式、中式、地中海式、东南亚式、欧式、美式等。

　　☞ 对于时下五花八门的装修风格，到底要选取哪种装修风格来配套客厅呢？很多人犹豫不定。在本节中主要针对客厅来讲解不同的色彩搭配风格。☜

4.1.1 客厅色彩——缤纷

✎ **色彩说明:** 在该空间中以白色为基础色，以洋红色、青色、正黄色这些高纯度的颜色为点缀，整个空间给人一种缤纷活力的感觉

✐ **设计理念:** 这是一个小型公寓，在狭小的空间中将休息区和工作区联系在一起，整个空间趋向于多元化、个性化。

83,42,26,0
3,70,77,0
9,89,17,0

❶ 在该空间中，洋红色奠定了整个空间的情感基调。
❷ 鲜艳的颜色搭配造型现代的家具，整个空间给人一种现代感。
❸ 明亮的灯光和雪白的墙壁有延展空间的作用，比较适合狭小的空间。

✌ **色彩延伸:** ▨▨▨▨□▨▨ ▨▨▨▨▨▨▨ ▨▨▨▨▨▨

4.1.2 客厅色彩——时尚

✎ **色彩说明:** 主色为黑白灰，是永不过时的经典搭配色。用少量的跳跃绿色进行点缀，让空间层次感强烈。

✐ **设计理念:** 作品以黑白灰的经典搭配、时尚现代的装饰，打造出沉稳大气的客厅氛围。

20,13,0,94
0,0,0,11
15,0,47,22

❶ 黑白灰的经典搭配使整个空间充满了理智、冷静的感觉。
❷ 绿色的点缀个性而大胆。造型夸张的吊灯是时尚感与现代化的结合。
❸ 几株植物为空间添加生气和亮点。

✌ **色彩延伸:** ■▨□▨▨■ ▨▨▨▨▨ ▨▨▨▨▨

4.1.3　客厅色彩——素雅

✎ **色彩说明**：作品以卡其色为主色，高明度的靠枕为空间添加了一些随性。

✎ **设计理念**：欧式风格的客厅设计较多地采用明度高、色相柔和的中性色，家具材质方面多采用皮革、大理石等。该作品在色彩的选用上相对接近，力求形成相对朴素、典雅的风格。

0,0,29,97	❶ 米白色的空间呈现出柔和、安静的氛围。
0,20,27,55	❷ 镜面的设计增强了空间感，也在视觉上给人通透感。
0,12,28,13	❸ 流畅的线条、随性的布局，营造出欧式的氛围。

✌ **色彩延伸**：

4.1.4　客厅色彩——轻松

✎ **色彩说明**：橙色和金色搭配，热闹而喜庆，蓝色的饰品调整了空间的节奏感。整体颜色搭配比较随性。

✎ **设计理念**：空间采用了极具民族特色的装饰风格，沙发、吊灯、饰品都比较和谐统一，整体感觉较为轻松、舒适。

0,62,74,44	❶ 空间整体搭配大气、洒脱、让人舒服。
0,37,67,63	❷ 柔软的布艺沙发、靠枕给人舒适放松、无拘束的感觉。
0,38,56,20	❸ 蓝色的装饰品有效调整了空间节奏的韵律。

✌ **色彩延伸**：

4.1.5 客厅色彩——典雅

✎ **色彩说明:** 作品以椰褐色为主色,沉稳中带着典雅的气质,浅色的墙壁和地板增加了空间的层次感。

✐ **设计理念:** 东南亚风格主张人与自然和谐共生。低调、不张扬的奢华,强调人与环境的自然相处,让人的心灵得到真正意义上的放松。

0,100,100,85
0,27,61,15
0,9,21,5

❶ 镂空的木质点缀使空间整体典雅大气
❷ 空间舒适但不张扬,随意、优雅且品质极高。
❸ 以古典大气的空间格局感和柔软、细腻的线条来营造古典的空间氛围。

✌ **色彩延伸:**

4.1.6 客厅色彩——舒适

✎ **色彩说明:** 白色的窗子给人干净的感觉,乳白色的花纹壁纸赋予空间清新自然的舒适感。

✐ **设计理念:** 田园风格最大的特点就是较为随意,通透明亮的室内,混合温暖的阳光,让人感到舒适、安心,而壁纸、家具常使用小碎花点缀。

0,14,24,16
0,7,61,62
0,27,54,38

❶ 细节上的处理雅致得体,简约鲜明的摆设辅助表达出空间冷静超然的明晰。
❷ 绿色的吊顶带着自然的清新,打破了空间的沉闷感。
❸ 阳光充满房间,慵懒舒适中透着清爽感。

✌ **色彩延伸:**

4.1.7　动手练习——为空间添加小趣味

抱枕、壁画这些都是空间的小细节，属于装饰的部分。选择与空间气氛相符合的壁画、抱枕进行装饰能给空间增添情趣。他们通常具有连接整个装饰的元素，使空间变得更为完整的作用。

Before:

After:

4.1.8　设计师谈——妙用明快色彩

明快色彩的配色方案应用在家居设计中，可以给人带来清新的感受。局部色彩对比强烈突显出作品的主题印象，形成空间色彩上的对比与呼应。住在这样的果色家居里，人的心情都会变得舒畅、更具活力，整个空间也因果色的点缀而变得更年轻。

❖ 客厅的整体色调要以明快舒适为主，白色的墙壁很常见，也可以尝试用橘色营造氛围，让客厅充满欢乐、愉悦的感觉。

4.1.9　配色实战——色彩搭配

双色配色	三色配色	四色配色	五色配色

4.1.10 常见色彩搭配

轻松		文艺	
自由		单纯	
亲和		完美	
细腻		新颖	

4.1.11 猜你喜欢

甜美 / 梦幻 / 惬意 / 简单

　　卧室，又称卧房、睡房及寝室，是指供人在其内睡眠、休息的房间。有些房子的主卧房有附属浴室 ，名为套房。卧室的颜色搭配设计是非常重要的，很多颜色是禁忌，原因很简单，那就是会影响人的睡眠，因此舒适、轻松是卧室装修的基本原则。

　　☞ 卧室的色调应以宁静、舒适为主旋律，尽力 营造温馨、柔和的家居空间。只有合理地搭配才能够让居住者得到更好的放松和休息。☜

4.2.1 卧室色彩——甜美

✎ **色彩说明：**作品以粉色为主色调，白色搭配粉色，表现出女生的甜蜜可爱。

✍ **设计理念：**粉色是甜蜜、幸福的少女色，白色体现出干净、纯美，粉色和白色相搭配的女生卧室设计，十分符合女孩甜美、纯净的特点。

0,53,57,16
0,35,32,4
1,0,42,32

❶ 粉色的墙壁和沙发让整个房间温暖、甜美。

❷ 造型别致的婴儿床成为该空间中最大的亮点。

❸ 绿色的蝴蝶结也为空间添加了一丝清新，整个卧室看起来既整洁又温馨。

✌ **色彩延伸：**

4.2.2 卧室色彩——梦幻

✎ **色彩说明：**作品以白色和蓝色为主色，搭配梦幻纱帘，使整个空间弥漫着海滨的浪漫气息。

✍ **设计理念：**色彩是心情的一种传递，它可以很直观地表现出内心的情感和状态，画面中的蓝色给人无限的畅想。

10,3,0,1
0,1,0,2
68,31,0,22

❶ 蓝色与白色的搭配，使整个空间产生清凉之感。

❷ 以白色为主色调，可以增加家居的空间感。

❸ 浅色的墙纸、垂幔的床饰呈现出唯美、浪漫的风格。

✌ **色彩延伸：**

4.2.3　卧室色彩——惬意

✎ **色彩说明**：作品中驼色的木质色调，接近自然；咖啡色的地板，增加了空间的层次感。

✎ **设计理念**：简洁大方的木质吊顶和墙面，生机勃勃的插花，惬意舒适但不失温馨的空间。

0,30,61,35 24,28,0,38 0,4,31,0	❶ 木质吊顶和木质的墙面别具一格，让人眼前一亮。 ❷ 碎花的地毯和插花的搭配让整个卧室充满浪漫芬芳的气息。 ❸ 利用原木装扮家居空间，使整个空间充满自然、朴实之感。

✌ **色彩延伸**：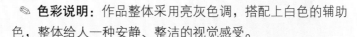

4.2.4　卧室色彩——安静

✎ **色彩说明**：作品整体采用亮灰色调，搭配上白色的辅助色，整体给人一种安静、整洁的视觉感受。

✎ **设计理念**：这是一家酒店的卧室设计，良好的采光加上宽敞的空间，能够给客人一种宾至如归的体验。

0,0,0,0 15,10,5,0 5,14,13,0	❶ 原木颜色的家具能够为空间添加几份休闲气息。 ❷ 条纹机理的壁纸在日光的衬托之下，交织出纯净通透现代感 ❸ 以白色作为卧室的主色调，能够营造一种安静、稳定的睡眠空间。

✌ **色彩延伸**：

4.2.5 动手练习——让空间更加整洁

画面中卧室采用了朴素的床头和床罩颜色，整体画面缺乏一点生机。那么不妨尝试一下给空间换个颜色吧，看是否能让人看起来眼前一亮、活泼、韵律，同时增加生机感。

Before:

After:

4.2.6 设计师谈——卧室中色彩多更喧嚣，色彩少更宁静

高饱和度的、鲜艳的色彩在强烈的光线下一般会显得更加生机勃发，暖色能够补偿室内光线的不足，因而可以用在朝北或者光线不足、显得阴冷的房间内，以增强房间的明亮度。

✿ 卧室的色调应以宁静、和谐为主旋律，尽力营造温馨柔和、甜美浪漫的家居私密空间。面积较大的卧室，选择墙面装饰材料的范围比较广，而面积较小的卧室，则适合选择偏暖、色泽浅淡的图案和颜色。

4.2.7 配色实战——色彩搭配

双色配色	三色配色	四色配色	五色配色

4.2.8 常见色彩搭配

清秀		活泼	
气韵		平静	
唯美		和谐	
奢美		小资	

4.2.9 猜你喜欢

洁净 / 大气 / 文艺 / 靓丽

　　厨房设计不单指的是墙面、地面的设计，也需要将橱柜、厨具和各种厨用家电按其形状、尺 寸及使用要求进行合理布局，巧妙搭配，实现厨房用具一体化。需要参考业主的身高、年龄、色彩偏好、文化修养、烹饪习惯及厨房结构，结合人体工程学和装饰艺术的原理进行科学合理的设计，使科学和艺术的和谐统一在厨房中体现得淋漓尽致。厨房设计的基本原则是：厨房要干净、方便。

　　☞ 厨房是家庭生活必不可少的功能区。厨房的设计可根据空间户型而定。色调可与整体色调相融合，干净整洁的厨房配色，可以增进食欲，活跃空间气氛。☜

4.3.1　厨房色彩——洁净

✎ **色彩说明：** 作品以白色为主色调，合理地运用灰色调的搭配，显得整个空间整洁干净。

✐ **设计理念：** 现代风格的设计，要求符合现代人快节奏的升华，厨房集多功能于一身。既要干净整洁又要时尚前卫。

1,1,0,5	❶ 白色的橱柜显得高洁典雅，整体的白色和灰色厨具干净整洁。
0,0,1,11	❷ 波纹壁纸的搭配，让整个空间更显鲜活。
0,27,8,3	❸ 植物的摆放装点了整个空间。

✌ **色彩延伸：**

4.3.2　厨房色彩——大气

✎ **色彩说明：** 作品以红色墙面为主，大胆且漂亮，搭配焦糖色和白色的橱柜，时尚大气。

✐ **设计理念：** 现代风格就是摒弃传统，结合时尚简约的思路，让厨房功能多样化。

0,21,45,37	❶ 焦糖色和白色的橱柜显得安静、简约、大气。
2,2,0,5	❷ 红色的墙面为厨房增加了活力感。
0,71,67,21	❸ 壁灯的装饰点缀出空间的时尚感，使空间层次感更强烈。

✌ **色彩延伸：**

4.3.3 厨房色彩——文艺

✎ **色彩说明：** 作品以杏黄色搭配白色为主色调，红色的点缀，赋予空间浓厚的文艺色彩。

✐ **设计理念：** 美式古典风格的厨房，多以木纹进行装饰，高档且复古，使整个空间具有古典的文艺感。

| 0,28,54,2 |
| 0,47,73,50 |
| 0,41,77,36 |

❶ 杏黄色的橱柜、粉红色椅子、柔和的灯光赋予空间浓浓的文艺气息。
❷ 古典风格的厨房，典雅高贵，文艺气息浓厚。
❸ 利用红色点缀空间，使整个空间时尚、独特。

✌ **色彩延伸：**

4.3.4 厨房色彩——鲜活

✎ **色彩说明：** 该空间采用高明的色彩基调，墨绿色的点缀色给人一种文雅、鲜活的感觉。

✐ **设计理念：** 这是一个田园风格的厨房设计，木质的置物架搭配上绿色的植物给人一种清新、自然的感受。

| 8,8,9,0 |
| 93,69,86,54 |
| 75,25,100,0 |

❶ 在厨房里添加绿植能够起到美化空间、净化空气的作用。
❷ 该厨房整体采用白色作为主色调，能够给人一种干净、卫生的感觉
❸ "L"形的台面设计在厨房操作时也很便捷。

✌ **色彩延伸：**

4.3.5　动手练习——让厨房更加绿色

画面中厨房配色选择了豆沙红色，整体画面给人阴暗、潮湿、油腻的感觉。那么就更改一下色调，让绿色调与棕色系搭配，能够给你大自然般清新淡雅的感觉。

Before:

After:

4.3.6　设计师谈——妙用冷暖色调色彩

厨房是家居装修中最难装饰的空间，当彩色橱柜走进这个空间，冷暖色调和谐搭配，所有的暗淡与沉闷便被轻描淡写地消解于色彩的欢快里，难觅一丝踪迹。

❀ 浅淡而明亮的色彩，使狭小的厨房显得宽敞；纯度低的色彩，使厨房看起来温馨、和谐、亲切；采用色相偏暖的色彩，使厨房气氛不失活泼、热情，从而增强食欲。

4.3.7　配色实战——餐桌色彩搭配

双色配色	三色配色	四色配色	五色配色

4.3.8 常见色彩搭配

恬淡		碰撞	
干净		纯净	
整洁		亮洁	
秩序		满足	

4.3.9 猜你喜欢

♣ 4.4 书房的色彩搭配

书房作为阅读、学习、工作的空间，是最能体现业主个性、爱好、品位的空间。装修设计风格以安静、沉稳为主，因此墙面、地面的设计不能过分追求夸张和刺激，要以宁静、舒心为主。

☞ 书房在家庭环境中处于一个独特的地位。它是人们在结束一天工作之后再次回到办公环境的场所。可以说，书房是家庭生活的一部分，又是办公室的延伸，所以这样一个带有双重性的家居空间在设计时更应注重其配色与风格。 ☜

4.4.1 书房色彩——安静

✎ **色彩说明：**作品以深灰色调为主，给人稳重的感觉。坐在柔软的布艺沙发上享受家所带来的宁静，紧张的情绪定能很快得到放松。

✐ **设计理念：**书房是私人的空间，书房的设计要安静、稳重，尽量避免有过于强烈的色彩对比。

12,5,0,57	❶ 灰色调赋予空间稳重的感觉。
35,30,0,84	❷ 绿色的植物点缀空间，让整个空间稳重而不显沉闷。
1,0,2,30	❸ 壁灯的柔光，为灰色空间营造出一种安静、柔和的氛围。

✌ **色彩延伸：**

4.4.2 书房色彩——唯美

✎ **色彩说明：**作品以米色系为主色，白色家具使空间看起来干净整洁，配上柔和的灯光，唯美优雅的气氛浑然天成。

✐ **设计理念：**安静的气氛，唯美的灯光加上柔软的座椅让整颗心不知不觉安静下来。

0,12,20,40	❶ 乳白色的墙壁和白色家具相衬辉映，简单中透着柔美、纯净。
0,1,5,5	❷ 适当的装饰让整个空间唯美而不显单调。
0,9,27,1	❸ 柔和的灯光使整个空间看起来优雅唯美，大气而不失时尚。

✌ **色彩延伸：**

4.4.3 书房色彩——气质

✎ **色彩说明：** 该空间采用高明度的配色方案，良好的采光增加了空间的通透感，给人非常舒适的感觉。

✐ **设计理念：** 在这间书房中，良好的采光、舒适的环境营造了一个令人神闲气定的阅读空间。摆满书籍的落地书架也凸显了主人热爱阅读的性格。

38,44,53,0
13,6,1,0
41,32,28,0

❶ 原木的书架和桌椅相互呼应着，使整体效果和谐统一。

❷ 原木风格的装修体现出主人追求自然、追求真我的个性。

❸ 作品中敞开式的空间，让视觉感避免过于厚重。

✌ **色彩延伸：**

4.4.4 书房色彩——安然

✎ **色彩说明：** 作品以白色搭配棕色调，棕色的木质家具，营造出书房安然儒雅的气质。

✐ **设计理念：** 用单纯的色彩、简化的结构打造儒雅、安静的氛围。

0,0,24,0
0,71,89,61
0,43,34,83

❶ 棕色的木质家具赋予空间儒雅大气沉稳的气质。

❷ 柔和的灯光烘托出整个书房素雅幽静的氛围。

❸ 简单的工艺品，为空间增添了时尚和情趣。

✌ **色彩延伸：**

4.4.5 动手练习——明度的对比，使空间更清晰

空间中书房采用了紫色调，并且明度方面地面、墙面、沙发等差别不大，给人紧张、拥挤的印象，整个空间看起来模糊不清，不分主次。那么不妨尝试一下整体的色调，并且拉大空间的明度，使得空间各个部分非常清晰，让人放松心情，缓解了紧张的情绪。

Before：

After：

4.4.6 设计师谈——书房设计的小技巧

书房是最能体现主人的生活品位、品质的空间，因此设计需要更加用心。色彩方面要尽量使用较少的色彩，并且避免对比色彩，让主人在这个工作、学习的空间更轻松。

❧ 书房装修四要素：明，静，雅，序。

明——书房的照明与采光要明亮。

静——书房要尽量安静。

雅——书房要清新、雅致。

序——书房要保证工作的效率。

4.4.7 配色实战——床品色彩搭配

双色配色	三色配色	四色配色	五色配色

4.4.8 常见色彩搭配

文雅	■ ▨ ▨	美妙	▨ ▎ ▨
寂静	■ ▨ ▨	宁静	▨ ▎ ▎
闲适	▨ ▎ ▨	精美	■ ▎ ▎
韵致	▨ ▎ ■	静境	■ ▎ ▎

4.4.9 猜你喜欢

餐厅是业主用来与家人、朋友进餐的地方，因此装修可以突显设计、品位、档次，可以搭配使用镜片、装饰画、墙纸、绿植等。餐厅的设计可以突出轻松、愉悦、食欲等元素。

☛ 民以食为天，家里要是有个充满格调的小餐厅是一件多美好的事情。在本节中，让我们一起来了解餐厅的色彩搭配。☛

4.5.1　餐厅色彩——惬意

✎ **色彩说明：** 作品以清新的黄色、绿色和白色搭配，黄色的暖色调尽显整个餐厅的惬意气氛。

✍ **设计理念：** 餐厅一般选择高明度、色相柔和的中性色彩。以暖色为主的餐厅，尽显惬意轻松的家庭氛围。

0,3,56,13
0,30,53,12
8,0,57,49

❶ 黄绿色调的配色方案使整个空间温暖而干净。
❷ 白色和自然光的搭配打造出了一间明媚、富有浪漫气息的餐厅。
❸ 时尚富有设计感的吊灯增强了空间的层次感。

✌ **色彩延伸：**

4.5.2　餐厅色彩——精致

✎ **色彩说明：** 粉色的古典花纹壁纸，飘逸的纱幔、铁艺的椅子和原木的餐桌，打造出精致的餐厅。

✍ **设计理念：** 古典与现代结合，高大的落地窗促进采光的同时使整个空间显得宽敞，给人开阔、明亮之感。

0,21,48,38
0,52,45,20
10,0,30,15

❶ 粉色的花纹壁纸打造出古典的精致华丽。
❷ 原木的餐桌让人感受到自然淳朴的气息。
❸ 白色的纱帘、白色的花朵恰当地点缀出空间的精致。

✌ **色彩延伸：**

4.5.3 餐厅色彩——气氛

✎ **色彩说明：** 在该空间中棕色搭配紫色和青色给人一种异域情调，它属于现代与民族结合的产物。

✐ **设计理念：** 作品中细腻的配色和精致的家具非常的有情调，从中能够发现主人对生活的热爱。

15,11,8,0	❶ 造型别致的灯饰是空间的一大亮点。
50,59,0,0	❷ 抱枕的颜色和壁画的颜色相互呼应。
62,0,44,0	❸ 落地窗不仅具有采光作用，还能够为空间添加空间的延展性。

✌ **色彩延伸：**

4.5.4 餐厅色彩——大方

✎ **色彩说明：** 白色调的整体搭配，大方、整齐、精致，浅蓝色的点缀清新大方，椰褐色的餐桌尽显沉稳大气。

✐ **设计理念：** 古典风格与现代设计理念相结合，大大的窗子利于餐厅的采光和通风，美观与实用兼顾。

14,6,0,16	❶ 白色墙面、白的柜子给人感觉简洁大方，浅蓝色的点缀为空间增加了一份清新、淡雅。
0,0,2,7	❷ 简单的桌椅、精致的摆设，组合在一起别有一番情调和品味。
0,32,60,42	❸ 角落里摆放的盆栽为餐厅增添了一抹生机。

✌ **色彩延伸：**

4.5.5　动手练习——橙色的墙面更有食欲感

餐厅色彩宜以明朗轻快的色调为主，最适合的是橙色以及相同色调的近似色。橙色能够非常强烈地刺激人的食欲，因此餐厅墙面的设计应优先考虑该颜色，这也是为什么很多快餐店装修色主打橙色的原因。

Before:

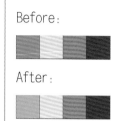

After:

4.5.6　设计师谈——妙用亮丽色彩

餐厅颜色搭配可以营造餐厅氛围，一般多采用明亮、鲜艳的颜色。风水学认为，亮丽的餐厅颜色可以带来活泼的气氛，促进食欲，增添用餐的乐趣，同时，还可以增强人的运势和财富。

✿ 就餐环境的色彩配置，对人们的就餐心理影响很大。餐厅的色彩要优雅温馨，以明朗轻快和清爽的色调为主，不宜过于复杂或浓厚。最适合用的是橙色系列的颜色，它能给人以温馨感，同时会使人感觉食物更具诱惑。

4.5.7　配色实战——餐厅色彩搭配

双色配色	三色配色	四色配色	五色配色

4.5.8 常见色彩搭配

高雅		精致	
优雅		浪漫	
玲珑		气派	
清幽		清爽	

4.5.9 猜你喜欢

♣ 4.6 卫浴的色彩搭配

卫浴也称卫生间，是供居住者便溺、洗浴、盥洗等日常卫生活动的空间，因此其功能性非常强大。 卫生间是家中最隐秘的一个地方，精心对待卫生间，就是精心捍卫自己和家人的健康与舒适。卫浴空间设计应该是非常明亮、干净、放松的，也是业主生活质量高低的直接体现。

☛ 在考虑卫浴设备的风格时，除了能够强调自己的审美喜好之外，空间的搭配、材质的协调、色彩的融合等，也都是评量的要点。 ☚

4.6.1 卫浴色彩——个性

✎ **色彩说明：** 以灰色为主色调，搭配红色的马赛克瓷砖，整个空间层次感强烈。

✍ **设计理念：** 要考虑整体的格局、舒适度以及美观度。太过紧凑的设计会让整个空间显得过于繁复，太过追求视觉效果又显得张扬。

0,80,92,24	❶ 灰色调的空间简约、大气，时代感强烈。
0,4,7,5	❷ 素雅的白色主题，提升了空间的品位。
0,6,9,33	❸ 良好的照明可避免产生让人拥挤、沮丧的感觉。

✌ **色彩延伸：**

4.6.2 卫浴色彩——华丽

✎ **色彩说明：** 作品以黄色系为主色，柔和的灯光、墙上的装饰画都为空间增加了层次感。

✍ **设计理念：** 卫浴的装修多使用反射、折射较强的材质，比较高档、大气。

0,71,85,84	❶ 金色花纹壁纸古典、华丽、奢华。
0,19,51,20	❷ 褐色地板的选择加重了室内的温润厚重感。
0,19,56,11	❸ 水晶珠帘的装饰增强了浴室的奢华格调。

✌ **色彩延伸：**

4.6.3　卫浴色彩——晶莹

✎ **色彩说明：**嫩绿色搭配草绿色，玻璃的质感晶莹剔透，白色的搭配使空间整洁干净。

✎ **设计理念：**根据浴室面积的大小可奢可俭，一般应注意整体布局、色彩搭配、卫生洁具的选择等要领，使浴室达到使用方便、安全舒适的效果。

0,1,36,27	❶ 绿色和玻璃的搭配，增强了浴室的明亮度，让整个浴室显得整洁干净。
89,0,17,49	❷ 以粉色点缀空间，使整个空间多了一份活跃和流畅。
0,60,46,13	❸ 良好的照明避免了空间产生沉闷、压抑的感觉。

✌ **色彩延伸：**

4.6.4　卫浴色彩——简约

✎ **色彩说明：**在该空间中从地板到墙壁都采用了白色调，整体给人一种干净、简洁之感。

✎ **设计理念：**作品采用简约的设计风格，搭配造型简洁、硬朗的洗手台，整个空间效果和谐统一。

13,11,7,0	❶ 白色的空间搭配玻璃幕墙，整个空间给人一种冰凉、寒冷之感。
37,21,19,0	❷ 透过玻璃看见外面的风景让人有一种身在自然之中的感觉。
45,37,33,0	❸ 空间中的天光效果，显现出一种对称协调的韵律感。

✌ **色彩延伸：**

4.6.5　动手练习——更换整体色调

卫浴(卫生间)作为生活不可或缺的一部分,早已突破其单纯的洗浴功能,更升华为人们远离喧嚣、释放压力、放松身心的场所。用颜色鲜艳、明快的色彩组合,打破了卫浴的传统色调,使空间变得灵动起来。

Before:

After:

4.6.6　设计师谈——妙用高饱和色彩

选择饱和度相对较高的明艳撞色作为浴室搭配的方法,色彩斑斓的自然色则为首选,可更好地突显撞色带来的视觉效果。

✿ 色彩鲜艳亮丽的卫浴设计,可以让空间顿时充满活力,让淋浴更畅快自在。

色彩若运用得当,能改变整个卫浴空间的气氛,要做到鲜艳而不媚俗、清新而不失华贵、平和而不忘个性。

4.6.7　配色实战——卫浴色彩搭配

双色配色	三色配色	四色配色	五色配色

4.6.8　常见色彩搭配

高档					情调		
品味					怡然		
光洁					释放		
柔和					幸福		

4.6.9　猜你喜欢

第 5 章

公共空间的色彩搭配

Part Five

Gong Gong Kong Jian De Se Cai Da Pei

奢华 / 低调 / 风情 / 典雅 / 大气 / 尊贵

　　酒店设计是一门艺术与技术结合的设计门类，需要将功能性与艺术性有机地结合在一起。同样，在色彩的选择上不仅需要突显酒店的风格，更要充分考虑到酒店不同空间的特点以及功能性，量体裁衣地搭配色彩。

　　☞ 酒店正在受到越来越多的都市新贵的青睐，它的优雅、神秘、与众不同，总是让人无法抗拒。个性独特的设计，尊贵舒适的氛围，在这展现自我、实现自我的时代里，占据了一席之地 ☜

5.1.1 酒店色彩——奢华

✎ **色彩说明：** 金色和红色的搭配，是一种浪漫奢华的味道，让人留恋。金色象征高贵、华贵。

✎ **设计理念：** 奢华的装修风格提升了空间的档次，使人仿佛置身于皇室的宫殿内。

| 0,36,92,20 |
| 0,94,100,49 |
| 0,27,89,16 |

❶ 对称式的布局方式在视觉上打造一种平衡之感。

❷ 夸张的壁画，简单的点缀，赋予空间高贵感。

❸ 复古的造型给人一种高贵典雅的氛围。

✌ **色彩延伸：** ■■■■■■■■ ■■■■■■ ■■■■■■

5.1.2 酒店色彩——低调

✎ **色彩说明：** 作品以白色和浅金色为主，白色干净，浅金色代表低调的华丽。

✎ **设计理念：** 现代个性化设计的酒店，简约线条的家居，简单的灯饰，夸张的吊顶，把酒店烘托得时尚大气处显奢华。

| 0,57,58,23 |
| 0,21,50,39 |
| 0,16,40,17 |

❶ 夸张别致的吊顶烘托酒店时尚大气的氛围。

❷ 浅金色的墙壁，在灯光下弥漫着奢华的味道。

❸ 简单的陈设赋予空间最完美的视觉通透感。

✌ **色彩延伸：** □■■■■ ■■■■■■ ■■■■■■

5.1.3 酒店色彩——风情

✎ **色彩说明**：空间采用暗红色为主色调，并配以深紫色，在暖调黄光的作用下显得神秘而又高贵。

✐ **设计理念**：新中式风格的酒店大堂设计，格调浓郁，突显出空间的别样风情。

0,88,90,18
2,17,0,17
46,27,0,85

❶ 中式传统的镂空屏风，精美别致。
❷ 与众不同的吊顶赋予空间灵活时尚的感觉，打破了传统的呆板。
❸ 柔和的灯光，橘色的花朵，淡化了红色的视觉刺激，使空间变得温馨雅致。

✌ **色彩延伸**：

5.1.4 酒店色彩——典雅

✎ **色彩说明**：金色的吊灯，雍容华贵的氛围，搭配乳白色的墙面，典雅的味道充斥着整个酒店大堂。

✐ **设计理念**：浓浓的民族特色与艺术相结合，传统与现代的结合，打造最典雅最时尚的酒店空间。

0,27,47,30
0,47,83,32
0,62,19,90

❶ 金色的水晶吊灯赋予空间金碧辉煌的感觉。
❷ 椰子树的点缀赋予空间浓烈的民族色彩。
❸ 作品的设计华丽不失典雅，将传统与艺术相结合。

✌ **色彩延伸**：

5.1.5　酒店色彩——另类

🖎 **色彩说明：** 在这个空间中借助了大自然的颜色，室内的陈设采用咖啡色调，通过这种颜色给人一种安全感

🖎 **设计理念：** 这是一间建立在水下的酒店，通过穹顶可以看到海底的景色，是一种如同童话世界般的梦幻感觉。

71,39,0,0
55,33,5,0
61,80,83,42

❶ 随着海洋生物的游动，客人看到的每一个场景都是不同的。

❷ 原木质地的陈设给人一种踏实、厚重的感觉。

❸ 青色的床单与海洋的颜色相互映衬。

✌ **色彩延伸：**

5.1.6　酒店色彩——尊贵

🖎 **色彩说明：** 象牙白色的吊顶、高贵典雅的气质、紫色的窗帘赋予空间以尊贵的气息，白色点缀空间使整体充满浪漫情怀。

🖎 **设计理念：** 糅合设计美学与空间功能，尊贵典雅、品味时尚的家居生活。

0,100,100,85
0,27,61,15
0,9,21,5

❶ 以柔软、细腻的线条来营造空间尊贵的氛围，使整体空间面积无限延伸，充盈、通透。

❷ 浓郁的欧陆风情与浪漫的情调，并巧妙地融入了简约主义的利落与秀美。

❸ 象牙白和紫色的搭配烘托高贵浪漫的气质。

✌ **色彩延伸：**

5.1.7 动手练习——色彩可以增大空间

色彩可以产生增大空间、缩短距离的效果。这种感觉主要来源于色彩的前进感、后退感。前进色包括红色、橙色和黄色等暖色，主要为高彩度的颜色；而后退色则包括蓝色和蓝紫色等冷色，主要为低彩度的颜色。因此为了增大空间感，可以采用后退色，例如蓝色。

Before:

After:

5.1.8 设计师谈——妙用艺术色彩

酒店设计具有很浓的艺术氛围，每个细节都透露出一股优雅。房间内部设计温馨，并且透露出很强的艺术感。

✤ 浅亮的色调能使空间更具开阔感，使房间显得更为宽敞。深暗的色彩则容易使空间显得紧凑，给人一种温暖舒适的感觉。鲜艳的色彩能使人心情变得振奋、欢快，而深沉的色调则容易给人一种庄重压抑的感觉。

5.1.9 配色实战——卧室色彩搭配

双色配色	三色配色	四色配色	五色配色

5.1.10 常见色彩搭配

排场		奢华	
品位		高贵	
华丽		悠闲	
柔和		轻松	

5.1.11 猜你喜欢

商场的环境是一种生态系统，要营造一个现代的、时尚的、具有一定品牌号召力的购物商场，在公共空间设计上必须能够准确地表达卖场的商业定位和消费心理导向。对商业建筑的内外要进行统一的设计处理，使其设计风格具有统一的概念和主题，商场拥有了明确的主题，所收到的传播效果及对消费者的吸引力会大大增强。

☞ 商场的设计形式要根据商场的规模大小而定，既要讲究简洁美观，又要在视觉上看上去井然有序。突出整体布局协调，体现流行、时尚、开放设计理念。☜

5.2.1　商场色彩——极致

✎ **色彩说明：** 白色的吊顶搭配灰土色的地面，整个空间简洁、明快，但却又不失时尚的味道。

✐ **设计理念：** 简单的色彩搭配，没有多余的陈设，打造良好极致的视觉空间。

0,2,4,13	❶ 利用水晶吊灯装扮空间，使整个空间弥漫着浪漫气息。
0,10,35,32	❷ 没有多余的陈设，打造通透的视觉感受。
0,12,46,19	❸ 跨越元素的界限，简单的线条打造极其精致的空间。

✌ **色彩延伸：**

5.2.2　商场色彩——缤纷

✎ **色彩说明：** 作品以椰褐色为主色，五彩缤纷的灯饰，时尚的味道，精致中透出时尚。

✐ **设计理念：** 大胆的颜色搭配，使整个空间别具一格，颠覆传统的印象。

0,59,97,71	❶ 作品以夸张的灯饰为主，打造了一个五彩缤纷的空间氛围。
44,0,87,23	❷ 大胆的颜色搭配，使整个空间别具一格，颠覆传统的印象。
1,0,33,0	❸ 夸张的色彩造型，牢牢地吸引着顾客的目光。

✌ **色彩延伸：**

5.2.3　商场色彩——新潮

📎 **色彩说明：** 灰色调的配色方案应用在作品中，使整个空间时尚、简约，时代感强烈。

✏ **设计理念：** 大胆、别具一格的色彩搭配，夸张的装饰打造了一个新潮、时尚的购物空间。

| 0,9,26,39 |
| 0,31,63,64 |
| 29,19,0,65 |

❶ 金属质感的柱子点缀空间，突显与众不同的特色，打造最新潮的空间。
❷ 水晶灯光营造空间别具一格的特点。
❸ 嵌入式的白色圆顶灯使视觉得到延伸，从而让商场的空间更为开阔。

✌ **色彩延伸：**

5.2.4　商场色彩——时尚

📎 **色彩说明：** 整个空间采用低明度的色彩基调，黑色的主色调在淡黄色的搭配下显得个性、时尚与新潮。

✏ **设计理念：** 运动品牌的主要销售对象就是年轻人，作为最主力的消费群体，在店铺的设计上要符合年轻人的口味。这种新潮、前卫的风格深受年轻人的喜爱。

| 85,80,86,71 |
| 90,80,58,30 |
| 12,19,65,0 |

❶ 就算是采用了黑色作为主色调，利用灯光的照射，整个空间也不会显得压抑、死板。
❷ 在黑色的衬托下，黄色标志显得非常的醒目。
❸ 倾斜型的陈列方式能够给人以动感，就像是人跑起来的姿势，符合运动的主题。

✌ **色彩延伸：**

5.2.5 动手练习——色彩可以烘托气氛

空间色调气氛是指商业环境设计的色彩心理氛围和色彩所烘托的空间性。在商场设计中，不同的商场色彩，会产生不同的购物环境，来自己动手换一个心情吧！

Before:

After:

5.2.6 设计师谈——妙用暖色调色彩

色彩空间的对比，调和空间的整体色调与局部构件所产生的色彩虚实对比，能产生强烈的视觉艺术效果。公共场合中适当地应用对比色，如黄色和紫色，更能吸引消费者。

❀ 了解色彩的规律，有利于百货商场购物环境设计中的色彩处理，提高百货商场购物环境的整体效果。暖色给人温暖、快活的感觉；冷色给人以清凉、寒冷和沉静的感觉。如果将冷暖两色并列，给人的感觉是：暖色向外扩张，前移；冷色向内收缩，后退。

5.2.7 配色实战——色彩搭配

双色配色	三色配色	四色配色	五色配色

5.2.8　常见色彩搭配

高档					情调			
品位					风度			
绅士					释放			
舒适					整洁			

5.2.9　猜你喜欢

办公室是上班工作的场合，因此要集实用性、设计性为一体。重视个人环境兼顾集体空间，借以活跃人们的思维，努力提高办公效率，这就成为提高企业生产效率的重要手段。从另一个方面来说，办公室也是企业整体形象的体现，一个完整、统一而美观的办公室形象，能增加客户的信任感，同时也能给员工以心理上的满足。

☛ 办公室装修是企业的生命源泉，它承载着企业内部的物质文化精髓。办公室要充分体现物质文化和精神文化，反映企业的特色和形象，对置身其中的工作人员产生优越的、积极的影响。☛

5.3.1 办公室色彩——明快

📎 **色彩说明：** 绿色和白色的明快色彩搭配，给人一种愉快的心情，可以减少工作所带来的压力。

✍ **设计理念：** 曲线具有流畅、优美之感，在办公空间中添加曲线的元素，可以增加空间的流动性，使整个空间充满欢乐、祥和的氛围。

15,13,0,18
25,0,100,62
22,12,0,46

❶ 方形的吊灯与圆形的座椅相互呼应。

❷ 明快的绿色地面打造了一种愉快的工作气氛。

❸ 以白色为主色调，可以增加办公室的空间感和采光性。

✌ **色彩延伸：**

5.3.2 办公室色彩——稳重

📎 **色彩说明：** 该作品为中明度色彩基调，原木的办公桌使整个空间充满沉稳气息。

✍ **设计理念：** 作品明暗对比强烈，层次分明。

25,31,0,78
10,3,0,56
0,37,33,74

❶ 作品中灯具的简单造型彰显不张扬的工作态度。

❷ 地面的颜色与墙壁颜色相互呼应，打造了视觉上的平衡感。

❸ 看似简单、不经意的陈设，处处彰显着沉稳。

✌ **色彩延伸：**

5.3.3 办公室色彩——和谐

✎ **色彩说明：** 以灰色为主色调，以暗黄色为点缀色，这样的色彩搭配使整个空间理性而又低调。

✐ **设计理念：** 简单进行装修和装饰，强调实用性，较少突显个性，工作空间简单和谐。

0,10,31,9

13,5,0,19

0,6,12,51

❶ 规整的布局方式，使整个空间条理清晰。

❷ 半开放式格局，增加办公室的空间通透感。

❸ 合理的陈设摆放，可以减缓紧张的工作气氛。

✌ **色彩延伸：**

5.3.4 办公室色彩——理性

✎ **色彩说明:** 该空间整体以高明度的灰色为主色调，以白色为辅助色，以黑色为点缀色。整个空间没有过多颜色，给人一种理性、严肃的感觉。

✐ **设计理念：** 该作品空间开阔、通透，工业风格的装修既能节约装修成本，又能在大空间中展现独有的魅力。

91,87,86,77

7,6,5,0

26,22,23,0

❶ 该空间没有过多的颜色，有助于员工更加集中精力。

❷ 工业风格的装修个性而独特，给人一种冷酷、神秘的感觉。

❸ 作品中将裸露在外的管道通过颜色的调整，组合成了家装的视觉元素，这也是工业风格的一大特色。

✌ **色彩延伸：**

5.3.5 动手练习——黑 + 白 + 灰 = 永恒经典

黑白灰是经典的色彩设计。在办公室设计中，每一种色彩都有它自己的语言。视觉的感受影响着人们的生活与工作的心情，在现代办公室设计中，整洁、明亮是最基本的要求，同时再通过色彩的表现，整合各种设计装饰手法，将办公空间的严谨与精致恰到好处地演绎出来。

Before:

After:

5.3.6 设计师谈——点缀色在商业设计中的应用

点缀色在色彩搭配中起到画龙点睛的作用，也是非常重要的。商业空间的色彩搭配也要遵循色彩搭配的原则，利用点缀色可以为空间点亮色彩，让整个空间更加灵动。

| 在这个空间中点缀色是紫色的杯子。在这种较为单调的颜色氛围中，紫色让颜色效果变得跳跃、活泼。 | 该空间以白色为主色调，以青色为点缀色，整个空间能够给人一种冰凉、冷静的感觉。 |

5.3.7 配色实战——色彩搭配

双色配色	三色配色	四色配色	五色配色

5.3.8　常见色彩搭配

流畅	▨	▨ ▨	高贵	| |		▨
保守	■ ■	▨	气质	▨		▨
方正	▨ ▨	▨	变化	▨		■
现代	▨ ▨	▨	艺术	▨ ▨		▨

5.3.9　猜你喜欢

第 6 章

装饰风格与
色彩搭配
Part Six

Zhuang Shi Feng Ge Yu Se Cai Da Pei

欧式风格 / 中式风格 / 简约风格 / 新古典风格 /
美式风格 / 地中海风格 / 东南亚风格 / 混搭风格 /
田园风格

室内装修的风格有很多，比如欧式风格、中式风格、简约风格、新古典风格、美式风格、地中海风格、东南亚风格、混搭风格、田园风格等。不同的颜色进入人的视野，刺激了我们的大脑，使人产生冷、热、深、浅、明、暗的感觉，也产生了安静、兴奋、紧张，轻松的情绪效应。每种风格各自的特点不同，在色彩搭配方面也具有各自的原则。

（1）欧式风格

欧式风格是室内设计中常见的一种风格，欧式风格可以体现出奢华、富贵的感觉。装饰风格较为复杂，从空间结构到家具的选择都非常考究。

❧ 室内构件要素：如柱式和楼梯等，是欧式风格的一大特点。

❧ 家具要素：如床、桌椅和几柜等，常以兽腿、花及雕刻来装饰。

❧ 装饰要素：如墙纸、窗帘、地毯、灯具和壁画等。

❧ 将建筑空间设计与绘画和雕塑结合营造出富丽堂皇的室内效果。

❧ 室内色彩以红、黄等纯色为主，并大量饰以金箔、宝石和青铜等材料进行装饰，表现奢华的效果。

❧ 大量在墙面镶嵌镜子，屋顶悬挂水晶吊灯，墙面多用磨光大理石，并设有壁炉、烛台。

欧式风格常用颜色

（2）中式风格

中式风格是中国特有的风格，讲究对称。中式风格很独特，多使用木材、布艺等，在家具选择方面也比较有特色，可以体现较高的文化品位、气质。而现在流行的为新中式风格，在中式风格的基础上加以创新，符合现代人的生活习惯。

❧ 从空间的结构到家具的陈列，常采用对称的手法来达到稳健、庄重的效果。

❧ 装饰要素有红木灯、羊皮灯＋咖啡色、适当的金色＋中式家具，体现出高雅的气息。

❧ 主要有红色、黄色、紫色、金色等，使用黑色进行点缀。

❧ 巧妙地运用金色进行装饰点缀，可以与深色家具形成鲜明对比，使色彩变化更丰富。

中式风格常用颜色

（3）简约风格

简约而不简单是简约风格的特点。强调自然、简洁、方便，比如墙面使用单色，并用几组装饰画进行装点，非常美观。

❧ 空间结构、颜色转折明显，大量使用金属、玻璃等。

❖ 减少不必要的装饰，色彩的凝练和变化的造型是简约风格的设计难点。

❖ 注重使用颜色将空间划分区域，使用颜色调节空间的视觉大小。

❖ 苹果绿、深蓝、大红、纯黄等高纯度色彩大量运用，大胆而灵活，是个性的展示。

❖ 家具则多选用设计感较强的现代风格家具，是当代年轻"潮"人的首选风格。

简约风格常用颜色

（4）新古典风格

新古典主义的设计风格其实是经过改良的古典主义风格。欧洲文化丰富的艺术底蕴、开放、创新的设计思想及其尊贵的姿容，一直以来颇受众人喜爱与追求。

❖ 新古典风格在颜色方面多使用黑色、白色、金色、紫色等。

❖ 墙纸是新古典主义装饰风格中重要的装饰材料，金银漆、亮粉、金属质感材质，为墙纸对空间的装饰提供了更广的发挥空间。新古典装修风格的壁纸具有经典又简约的图案、复古又时尚的色彩。

❖ 从简单到繁杂、从整体到局部，精雕细琢，镶花刻金都给人一丝不苟的印象。

❖ 一方面保留了材质、色彩的大致风格，仍然可以很强烈地感受传统的历史痕迹与浑厚的文化底蕴，同时又摒弃了过于复杂的肌理和装饰，简化了线条。

新古典风格常用颜色

（5）美式风格

美式的装修风格在某种程度上是众多的元素集合，按照一定的审美眼光及秩序将一些古老的元素进行一定的排列重组，打造出雅致而复古的感观，古典而奢华，充满了对生活的享受意味，但是其中西部田园风具有古典而略带随意的惬意感，摒弃了过多的繁琐与雕琢，但细节的处理更为别具匠心。

❖ 美式风格有文化感、有贵气感，还不能缺乏自在感与情调感。

❖ 美式家具多以桃花木、樱桃木、枫木及松木制作。美式家具较意式和法式家具来说，风格更粗犷。

❖ 美式风格注重实用性。

美式风格常用颜色

（6）地中海风格

地中海风格受海洋的影响较大，处处与海洋相关，蓝白的搭配，沙子、贝壳、泥墙、陶砖等，是大自然赐予人类的美不可言的礼物。

✤ 蓝+白搭配是地中海风格的最大特点。

✤ 白灰泥墙，连续的拱廊与拱门，陶砖，海蓝色的屋瓦和门窗。

✤ 加上混着贝壳、细沙的墙面，小鹅卵石的地面，拼贴马赛克。

✤ 黄，蓝紫和绿，南意大利的向日葵，南法的薰衣草花田，金黄与蓝紫的花卉与绿叶相映，形成一种别有情调的色彩组合，十分具有自然的美感。

✤ 土黄及红褐，这是北非特有的沙漠，岩石、泥、沙等天然景观颜色，再辅以北非土生植物的深红、靛蓝，再加上黄铜，带来一种大地般的浩瀚感觉。

地中海风格常用颜色

（7）东南亚风格

东南亚风格是东南亚地方特有的设计风格，受地域性影响比较大，多就地取材、崇尚自然、原汁原味，如使用木材、漆器、水草等。

✤ 多使用印度尼西亚的藤、马来西亚河道里的水草以及泰国的木皮等纯天然的材质。

✤ 在饰品搭配上，常看到醒目的大红色的东南亚经典漆器，金色、红色的脸谱，金属材质的灯饰，如铜制的莲蓬灯，手工敲制出具有粗糙肌理的铜片吊灯，这些都是最具民族特色的点缀。

✤ 崇尚自然、原汁原味，以水草、海藻、木皮、麻绳、椰子壳等粗糙、原始的纯天然材质为主，带有热带丛林的味道。

✤ 在颜色上保持自然材质的原色调，大多为褐色等深色系，在视觉上给人以泥土与质朴的气息；在工艺上注重手工工艺而拒绝同质的精神，以纯手工编织或打磨为主，纯朴的味道尤其浓厚。

东南亚风格常用颜色

（8）混搭风格

混搭风格是指把不同风格的设计混在一起进行重新组合，因此可以呈现多元化的风格。但是混搭风格不等于乱搭风格，因此混搭风格并不是那么好搭的，要把握有主有次、杂而不乱。

❧ 所谓混搭，重在"混"字，将不同的风格进行合理的搭配。

❧ 混搭风格是多种文化的融合。

❧ 兼容并蓄，推陈出新，反映时代性、民族性与地方性。

❧ 由于是混搭风格，所以颜色方面可参考进行混合的两种或多种风格的色彩。

混搭风格常用颜色

（9）田园风格

田园风格较为清新淡雅，以白色作为主色，多运用绿色或黄色进行点缀，碎花的壁纸，夸张的布满自然纹理的板岩，朴实无华，精致的铁艺，温润的藤编织物，搭配上一盆清新的素雅花卉，尽显自然的田园风情，清淡的色彩散发着自然的清新温润的气质。

❧ 田园风格崇尚自然，是舒适、安逸的风格。

❧ 颜色多以白色、黄色为主色，搭配多种其他颜色作为辅助色。

❧ 纯棉质地、小方格、均匀条纹、碎花图案、棉质花边等都是田园风格中最常见的元素。

田园风格常用颜色

♣ 6.1 欧式风格的色彩搭配

6.1.1 欧式风格——奢华

✎ **色彩说明：**金色与红色相搭配，整个空间充满了皇室的尊贵华丽，这种配色方案在欧式风格的设计中会经常使用到。

✎ **设计理念：**欧洲宫廷般的奢华与高贵，华丽的装饰，精美的造型，彰显贵族气派。

0,80,88,23
0,9,29,7
0,19,69,15

❶ 金黄色和棕色的配饰衬托出古典家具的高贵与优雅，赋予家居以古典美感。

❷ 暗红色的沙发大气、雍容华贵。

❸ 金色的点缀使空间金碧辉煌、奢华气派。

✌ **色彩延伸：**

6.1.2 欧式风格——细腻

✎ **色彩说明：**该空间采用中明度的灰色作为主色调，以香槟金做点缀色，整体色调优雅、低调，有透着欧式风格的细腻与高贵。

✎ **设计理念：**该空间采用欧式的设计风格，欧式风格的沙发与金色的水晶吊灯是构成该风格的主要设计元素，给人以典雅、高贵的感觉。

49,42,38,0
36,39,83,0
81,76,72,49

❶ 以灰色作为欧式风格的主色调，能够给人一种低调、内敛的感觉。

❷ 金色的吊顶和水晶吊灯是空间的亮点。

❸ 天鹅绒质地的沙发舒适又华贵，符合空间整体的气质。

✌ **色彩延伸：**

6.1.3　欧式风格——典雅

✎ **色彩说明：**棕色调的配色方案使整个空间弥漫着浓郁的复古情怀。

✐ **设计理念：**图片中，空间所处的位置为楼梯拐角，这样饱满的细节，可见设计师的用心。

0,24,38,52
0,10,50,8
15,25,0,7

❶ 铁艺风格的座椅，不仅实用而且美观。

❷ 宫廷式样的面镜，彩色的花艺装饰，使空间风格典雅的同时多了一分时尚感。

❸ 楼梯螺纹细雕的柱子尽显欧式的华美优雅。

✌ **色彩延伸：**

6.1.4　欧式风格——明快

✎ **色彩说明：**作品为高明度色彩基调，白色与浅黄的色彩搭配使整个空间看起来干净、整洁，浪漫与优雅并存。

✐ **设计理念：**圆形的地毯和弧线形的客厅轮廓相互呼应，给人以流畅、优美的视觉感受。

0,11,35,25
0,26,54,30
0,9,45,21

❶ 白色使整个空间看起来明亮开放，没有局促感。

❷ 精致的吊灯造型独特吸引眼球。

❸ 作品中的壁橱，是比较明显的欧式风格的特色。

✌ **色彩延伸：**

6.1.5　动手练习——协调的床品和地毯色彩很重要

欧式风格，以浪漫为基础，强调线形流动的变化，色彩华丽，在欧式设计中，可以利用不同的色彩，让室内的设计风格变化多样。

Before:

After:

6.1.6　设计师谈——高雅色彩之妙用高级灰颜色

高级灰颜色是指饱和度相对比较低的颜色搭配在一起，这样的配色方案，搭配出来的效果比较高雅、低调而奢华。高级灰的应用，可以让整个家居空间充满独特的贵族气息，让居家生活更加浪漫温馨。

❖　一般说到欧式风格，就会给人以豪华、大气、奢侈的感觉，欧式家居也好似可以散发出贵族气息一般。

6.1.7　配色实战——卧室色彩搭配

双色配色	三色配色	四色配色	五色配色

6.1.8 常见色彩搭配

端庄		含蓄	
优雅		典范	
雅致		娇贵	
贵气		豪华	

6.1.9 猜你喜欢

♣ 6.2 中式风格的色彩搭配

6.2.1 中式风格——庄重

✎ **色彩说明：** 褐色的家具体现一种自然的色调，布艺的窗帘呈现柔和的气氛。

✐ **设计理念：** 从家具到电视背景墙，再到吊灯，都是采用原木的材质和传统的手工艺，这样的设计使整个空间传递着古韵馨情。

0,30,35,57
0,12,50,5
0,5,18,8

❶ 以原木装扮空间，给人一种古典、温润之感。
❷ 以瓷器进行空间的装点，美观的同时与中式的风格相互呼应。
❸ 古色古香的设计应用在现代家具空间中别有一番韵味。

✌ **色彩延伸：** ■■■■■■□ ■■■■■■■ ■■■■■■

6.2.2 中式风格——文化

✎ **色彩说明：** 正红色是中国的代表颜色，该空间通过橘黄色调的灯光搭配正红色的点缀色，整体给人一种古典、质朴的中式情调。

✐ **设计理念：** 这是一家中式餐厅设计，通过墙壁、灯饰、地毯这些软装饰打造一种中式风格。

19,97,100,0
2,51,66,0
45,74,89,8

❶ 现代风格的桌椅自然的融入其中，形成一种中西合璧的感觉。
❷ 空间中柔和的灯光营造了一种温馨、平静的用餐环境。
❸ 空间中的地面是一大亮点，中式的纹理搭配红色调，有着浓厚的中国韵味。

✌ **色彩延伸：** ■■■■■■ ■■■■■■ ■■■■■

6.2.3　中式风格——含蓄

✎ **色彩说明：** 作品以黄色和棕色搭配，传统的色彩，搭配柔美的灯光，彰显含蓄优雅的中式风格。

✐ **设计理念：** 用特有的中国古老艺术色彩，默默述说着东方雅韵。

0,23,75,9
0,51,68,64
0,6,27,5

❶ 作品中大面积的黄色，赋予其优雅的气质。

❷ 挂画简洁的外观和色彩，传达了意境的和谐美。

❸ 木制桌椅，在柔和的灯光下衬托中式风格的庄重和含蓄美。

✌ **色彩延伸：**

6.2.4　中式风格——儒雅

✎ **色彩说明：** 作品以褐色为主色调，褐色的色彩端庄、优雅，尽显内涵，适用于有内涵、有修养的人士。

✐ **设计理念：** 原木的桌椅，雕花镂空的墙面，作品浓厚的中式风格，传递着儒雅之情，让人叹为观止。

0,73,71,0
0,30,55,36
0,19,17,59

❶ 褐色调的配色方案端庄、大气，尽显内涵。

❷ 简洁传统的吊灯，与作品风格相互呼应。

❸ 金黄色的靠垫，典雅中多了几分低调的华贵。

✌ **色彩延伸：**

6.2.5 动手练习——红色在中式风格中的应用

红色是中国人最崇拜、最喜好的颜色。它具有吉祥、喜庆、幸福、甜蜜的含义。在室内设计中"中国红"的运用既能作为主色调装扮空间，也能作为点缀色点亮空间颜色。以中国红进行空间的配色，能够表达出浪漫、高雅的情感。同时能够运用材质、装饰展现出东方意蕴，传达出中国特有的文化精神和民俗理念。

6.2.6 设计师谈——妙用艺术色彩

古韵浓厚的文化气息在家的角落里历史沉淀，却又从家居装修中慢慢散发出来，很容易体味到一种时间流逝，但岁月静好的感觉。

❧ 打破中式的沉闷格局，将整体色调大胆提亮，醒目感便扑面而来了。在实用收纳方面也充分照顾到生活需求，形式上不拘一格，舒适性却大大提高。

6.2.7 配色实战——卧室色彩搭配

双色配色	三色配色	四色配色	五色配色

6.2.8　常见色彩搭配

稳重		幽思	
雅兴		淡定	
轩昂		浮世	
沉着		闲适	

6.2.9　猜你喜欢

♣ 6.3 简约风格的色彩搭配

6.3.1 简约风格——淡雅

✎ **色彩说明：** 黄色的墙面搭配驼色的木板，具有恬淡而淳朴的自然情趣，淡雅清新。

✐ **设计理念：** 以简洁的方式表达出美式家居的特点，从而达到以少胜多、以简胜繁的效果。

0,29,41,9
0,18,67,2
18,13,0,31

❶ 大面积的黄色给人活泼的感觉。
❷ 天然的实木家具具有原始而淳朴的气息。
❸ 白色的点缀给空间静谧安逸的视觉效果。

✌ **色彩延伸：**

6.3.2 简约风格——时尚

✎ **色彩说明：** 作品的以黑白灰为主色，打造时尚、大方的简约风格。

✐ **设计理念：** 简约不等于简单，强调功能为设计的中心理念。既有时尚感又有功能性。

5,6,0,49
80,100,0,98
0,0,0,5

❶ 大面积的黑色给人寂静的感觉。灰色适当地调整了黑白色的过渡。
❷ 地面上时尚的花纹，为狭窄的空间添加动感与韵味，增加了一份灵动感。
❸ 黑白搭配的地板，赋予空间时尚的气韵。

✌ **色彩延伸：**

6.3.3 简约风格——品质

✎ **色彩说明：** 作品以淡黄色调为主色调，搭配白色和黑色的简约大气，处处表露着生活的舒适品质感。

✐ **设计理念：** 舒适而休闲，富有享受感，彰显生活的品质。

0,0,0,80
0,16,49,29
9,0,61,26

❶ 淡黄色的布艺窗帘体现柔美而淡雅的品质生活。

❷ 简单的白色沙发充满了惬意的休闲氛围。

❸ 高大的落地窗、暖暖的阳光赋予空间温暖梦幻的舒适。

✌ **色彩延伸：**

6.3.4 简约风格——凝练

✎ **色彩说明：** 作品为高明度色彩基调，干净、典雅的白色搭配简约的吊顶，简约凝练。

✐ **设计理念：** 干净素雅的白色具有简约的设计效果，简单的色彩体现了凝练的色彩准则。

0,0,1,0
0,5,8,57
0,9,34,4

❶ 大面积的白色给人安静简约的感觉。

❷ 欧式的窗户与吊顶的细致花纹给空间增添了一份细致感。

❸ 橘色的台灯、彩色的靠垫和铁艺的椅子都为整个空间添加了时尚感。

✌ **色彩延伸：**

6.3.5 动手练习——减少空间颜色，打造简约空间

简约的设计风格要遵循"少即是多"的原则，要尽量采用少的颜色、装饰等内容，利用凝练的色彩和装饰去打造简约的室内空间。

Before:	After:

6.3.6 设计师谈——删繁就简

在室内设计方面，删繁就简，去伪存真，以色彩的高度凝练和造型的极度简洁，在满足功能需要的前提下，将空间、人及物进行合理精致的组合，用最洗练的笔触，描绘出最丰富动人的空间效果，这是设计艺术的最高境界。

6.3.7 配色实战——色彩搭配

双色配色	三色配色	四色配色	五色配色

6.3.8 常见色彩搭配

干净		私语	
时尚		和睦	
韵味		明朗	
生机		清亮	

6.3.9 猜你喜欢

♣ 6.4 新古典风格的色彩搭配

6.4.1 新古典风格——经典

✎ **色彩说明：** 作品整体以白色和银色为主体，搭配金色的欧式花纹，经典中含着低调华丽。

✐ **设计理念：** 用简单的东西、简单的色彩还原古典气质，同时具备现代感。

色块	说明
8,6,0,31	❶ 银色的边缘和金色花纹搭配，经典中带着一丝华丽。
0,15,40,51	❷ 长毛地毯柔柔软软，给人温馨的感觉。
0,9,16,45	❸ 沙发的精致雕花古典而又优雅。

✌ **色彩延伸：**

6.4.2 新古典风格——端庄

✎ **色彩说明：** 作品为中明度色彩基调，以紫色作为辅助色，使整个空间弥漫着浪漫气息。

✐ **设计理念：** 新古典风格将现代和古典风格完美结合，使整个家居空间弥漫着浓厚的时尚气息。

色块	说明
0,24,5,60	❶ 金属雕花的设计、华贵造型的椅子彰显着一种贵族的风范。
0,27,64,29	❷ 白色的墙面和白色的壁炉给人一种古典的感觉。
1,0,33,19	❸ 紫色应用在新古典风格的装修中，使整个空间充满奢华的感觉。

✌ **色彩延伸：**

6.4.3　新古典风格——清新

✎ **色彩说明：**作品以浅色调为主色调，类似色的配色方案使整个空间色调统一、和谐。

✐ **设计理念：**用简化的手法追求传统样式的大致轮廓特点，用室内陈设品来增强历史文化特色。

0,11,35,45
7,0,2,51
10,0,11,35

❶ 复古的吊灯增强了室内历史文化特色。
❷ 柠檬黄色的靠枕搭配复古的沙发中，古典的精致感带着现代的时尚感。
❸ 整体浅色调的搭配赋予空间层次感。

✌ **色彩延伸：**

6.4.4　新古典风格——浪漫

✎ **色彩说明：**棕色调的配色方案在白色吊顶的调和下，使该空间层次分明，富有情调。

✐ **设计理念：**纯白干净的空间底妆，为深邃质地的欧式家具与空间结合，交织出视觉上最为丰富迷人的浪漫情怀。

0,21,62,16
0,11,28,18
0,38,63,62

❶ 作品柔和的色调，使整个空间充满浪漫之感。
❷ 欧式风格的沙发，华丽、贵气。
❸ 类似色的配色方案，使整个空间色彩协调、稳定，不跳跃。

✌ **色彩延伸：**

6.4.5 动手练习——更换整体色调

时尚与古典的碰撞，既张扬个性，具备内敛而含蓄的气质，又体现了典雅与品位。两种不同色彩搭配的碰撞带来全新的感官冲击。

Before:

After:

6.4.6 设计师谈——妙用艺术色彩

新古典风格装修既有古典风格的复古气息，又加入了现代时尚元素，让奢华风格带上一点潮流。新古典风格让家居的感觉更加优雅气派，艺术感让室内的设计更加具有意境。

❖ 新古典风格，减去一点历史的沉重，削掉一层油彩，抹去金银的俗媚，简单点的奢华让人沉醉。加上一点现代气息的几何图案，再增添一些现代人的个性，新古典主义的美，简单中透着清新。

6.4.7 配色实战——卧室色彩搭配

双色配色	三色配色	四色配色	五色配色

6.4.8　常见色彩搭配

婉约				精美			
静谧				知性			
雅典				古典			
庄重				精粹			

6.4.9　猜你喜欢

♣ 6.5　美式风格的色彩搭配

6.5.1　美式风格——自然

✎ **色彩说明：** 作品为中明度色彩基调，柔和的色调以绿色为点缀色，使整个空间弥漫着自然气息。

✐ **设计理念：** 作品主要突出美式乡村生活的舒适和自由。

0,2,22,7	❶ 自然、清新的配色方案，可见户主返璞归真的心态。
4,0,55,24	❷ 棕色调的顶棚，使整个空间具有层次感。
0,26,72,28	❸ 搭配柔和的灯光，散发着浓郁的美式乡村风格。

✌ **色彩延伸：**

6.5.2　美式风格——雅致

✎ **色彩说明：** 作品以黄色和蓝色为主色调，颜色丰富的壁纸使整个空间颜色丰富。

✐ **设计理念：** 客厅作为待客区域，一般在色彩上要求简洁明快，精致优雅。

0,15,58,1	❶ 多彩简便的条纹壁纸使空间富有节奏感、律动感。
34,20,0,28	❷ 柔软的黄色和蓝色沙发简洁温馨。
0,7,8,36	❸ 抱枕、台灯上绚丽的花朵图案为空间添加了时尚的感觉。

✌ **色彩延伸：**

6.5.3　美式风格——怀旧

✎ **色彩说明：** 作品中，斑驳的墙面是最大的亮点，灰色调的配色方案使整个空间充满怀旧的氛围。

✐ **设计理念：** 该作品空间感强烈，墙壁上的楼房剪影，无形中为空间增加了延伸的感觉。

25,0,1,14

0,53,41,19

0,17,33,67

❶ 墙壁与地面的颜色相互呼应，为视觉上寻求一种平衡感。

❷ 作品中没有过多的装饰，使整个空间简洁、明快。

❸ 在白色的调和下，整个空间自然、通透，不沉闷。

✌ **色彩延伸：**

6.5.4　美式风格——朴素

✎ **色彩说明：** 该空间采用高明度的色彩基调，淡灰色的墙壁衬托出空间中的有彩色，整个空间的色调柔和而朴素。

✐ **设计理念：** 这是一个客厅设计，采用美式的设计风格，整个空间简约大气又不失自在与随意。

34,42,50,0

14,11,11,0

4,56,54,0

❶ 宽大的落地窗让室内采光更加良好。

❷ 一抹橘黄色，点亮空间的颜色，让室内的色调不至于过分单调。

❸ 浅褐色调的地板和窗帘具有暖色调的倾斜，给人一种舒适、温馨的感觉，很有家的味道。

✌ **色彩延伸：**

6.5.5 动手练习——更换整体色调

美式风格没有太多造作的修饰与约束，不经意中也成就了另外一种休闲式的经典风格。随心的搭配，随意地释放着心里的感受。

Before:

After:

6.5.6 设计师谈——妙用色彩

浅亮的色调能使空间更具开阔感，使房间显得更为宽敞。深暗的色彩则容易使空间显得紧凑，给人一种温暖舒适的感觉。鲜艳的色彩能使人心情变得振奋、欢快，而深沉的色调则容易给人一种庄重、压抑的感觉。

6.5.7 配色实战——卧室色彩搭配

双色配色	三色配色	四色配色	五色配色

6.5.8　常见色彩搭配

松弛			释然		
朝露			芬芳		
清爽			生机		
畅快			悠然		

6.5.9　猜你喜欢

♣6.6 地中海风格的色彩搭配

6.6.1 地中海风格——清爽

✎ **色彩说明：** 以纯净的白色为主色调，用蓝色来加以点缀，舍弃浮华的装饰，体现地中海的清爽自然。

✐ **设计理念：** 地中海的色彩由于光照足，所有颜色的饱和度很高。纯美的色彩组合，体现出色彩最绚烂的一面。

79,52,0,63
0,0,0,0
80,51,0,46

❶ 作品以蓝白色调为主，这是地中海风格最大的特点。
❷ 清爽干净的配色，可以为人留下深刻的感官印象。
❸ 简单的灯饰点缀着空间，木质的吊顶散发出自然的气息。

✌ **色彩延伸：**

6.6.2 地中海风格——淳朴

✎ **色彩说明：** 作品以鹅卵石的颜色为主色调，搭配白色增加空间层次感，蓝色的沙发适当地点缀空间。

✐ **设计理念：** 自然的色彩搭配大海的颜色，打造最淳朴、最自然的地中海风格。

0,25,49,35
2,0,0,3
0,24,42,53

❶ 立体感的吊顶，使整个空间充满动感。
❷ 墙壁上的鹅卵石，具有淳朴而天然的气息，仿佛把大自然搬进了家中。
❸ 原木色的家具与整体的色彩搭配相互呼应。

✌ **色彩延伸：**

6.6.3　地中海风格——悠闲

✎ **色彩说明：** 作品白色搭配香槟黄色，用蓝色来加以点缀，舍弃浮华的装饰，体现地中海风格的清爽自然。

✍ **设计理念：** 纯美的色彩组合，在地中海强烈阳光的照射下，体现出色彩最绚烂的一面。

❶ 白色搭配香槟黄色的躺椅，给人舒服休闲的感受。

❷ 抱枕上的花纹，展现了别样的异域风情。

❸ 以灰白色为主调，搭配鲜艳的有彩色，使得整个家居空间富有格调。

✌ **色彩延伸：**

6.6.4　地中海风格——慵懒

✎ **色彩说明：** 作品为高明度色彩基调，以白色作为主色调，通过良好的采光使整个空间干净、清爽。

✍ **设计理念：** 这样清爽干净的风格应用在客厅中，可以减缓客人紧张、拘束的气氛，也为客人留下深刻而又美好的印象。

❶ 白色和蓝色的经典地中海式搭配传递着清爽自然的心情。

❷ 绿色的花纹壁纸给人一种自然清新的味道。

❸ 整体的搭配悠闲中透露出一丝慵懒。

✌ **色彩延伸：**

6.6.5　动手练习——更换整体色调

大海总是让人神往，用海洋蓝色的装饰品来装扮自己的居室，别致而富有情趣。清爽的海蓝色不仅让我们身心愉悦，仿佛也能为居室带来徐徐清新的海风。

Before:

After:

6.6.6　设计师谈——浅谈地中海风格

地中海风格以其极具亲和力的田园风情、纯洁的色调、来自大自然的配饰，很快被地中海以外的其他区域人群所接受。地中海风格的灵魂，真正诠释了人与自然的和谐魅力。

6.6.7　配色实战——色彩搭配

双色配色	三色配色	四色配色	五色配色

6.6.8　常见色彩搭配

悠闲		跃动		
清醒		清朗		
洒脱		随性		
温暖		放松		

6.6.9　猜你喜欢

♣ 6.7 东南亚风格的色彩搭配

6.7.1 东南亚风格——妩媚

✎ **色彩说明：** 作品为橙色调的配色方案，采用这样的配色方案可以给人一种温暖、舒适的感觉。

✍ **设计理念：** 东南亚风格的装饰，蕴藏较深的泰国古典文化，所以它给人的特点是禅意、自然以及醇厚。

| 0,57,96,57 |
| 47,86,0,30 |
| 0,57,96,4 |

❶ 原木的家具和充满异域色彩的摆件，使整个空间的东南亚风格显著。

❷ 类似色的配色方案应用在家居空间中，使整个空间色调和谐、自然。

❸ 高纯度的色彩基调是东南亚风格显著的特色。

✌ **色彩延伸：**

6.7.2 东南亚风格——安逸

✎ **色彩说明：** 作品以藤条和木质地板的原色为主色，绿色阔叶植物的点缀，烘托安逸的感觉。

✍ **设计理念：** 温暖的阳光、原木的材质、绿色的植物，自然而舒适。

| 0,37,91,45 |
| 0,36,77,21 |
| 0,20,48,26 |

❶ 透明的棚顶接近天空、接近自然。

❷ 竹编桌椅更是传统手工艺的精髓体现。

❸ 阔叶植物赋予空间东南亚热带雨林的气息。

✌ **色彩延伸：**

6.7.3　东南亚风格——浑厚

✎ **色彩说明：** 作品以红色与金色搭配，使空间呈现出华丽、富贵的气息。

✐ **设计理念：** 红金色搭配的华丽壁纸，原木的桌子，民族风情的摆件，组成了一个充满异域格调，具有东南亚风格的家居空间。

0,57,96,57
47,86,0,30
0,57,96,4

❶ 褐色的家具散发着浓厚而温润的自然气息。
❷ 手工艺品的装饰，突出浓浓的民族特色。
❸ 盆景的点缀释放着东南亚热带雨林的味道。

✌ **色彩延伸：** ■■■■□□■ ■■■□□■ ■■■■■

6.7.4　东南亚风格——媚艳

✎ **色彩说明：** 作品以黄色为主色，以蓝色花纹的床品和黑色的铁艺灯饰搭配，使人有一种回归自然的感觉。

✐ **设计理念：** 暖色调的配色方案应用在卧室中，可以放松人的心情，给人愉悦、温馨的心理感受。

0,16,73,2
79,3,0,34
0,42,75,38

❶ 铁艺的灯具与造型大胆、雕琢精巧的床头柜一起构成了东南亚风格的骨架。
❷ 造型别致的吊灯，与装修风格相协调。
❸ 清新可人的常春藤绿色的床品，典雅而不失媚艳。

✌ **色彩延伸：** ■■■■■ ■■■■■■■■■■

6.7.5　动手练习——浓郁民族色感

东南亚风格装修就像个调色盘，把奢华和颓废、自然之美和浓郁的民族风格、绚烂和低调等情绪调成一种沉醉色，让人无法自拔。

Before:

After:

6.7.6　设计师谈——东南亚风格在家居中的应用

东南亚风格是东南亚地区特有的风格，这种风格现在越来越受中国人的喜爱。东南亚风格在静谧中蕴含着浓浓的激情，东南亚风情总是散发着蛊惑人心的欲望气息，香艳得让人想入非非。温馨的气氛，让精致的装饰占据更加广阔的空间，让设计摆脱束缚。东南亚风格的多姿多彩给生活带来了更多享受。

6.7.7　配色实战——客厅色彩搭配

双色配色	三色配色	四色配色	五色配色

6.7.8　常见色彩搭配

神秘		古旧	
香艳		黯然	
宗教		舒心	
热烈		浓郁	

6.7.9　猜你喜欢

♣ 6.8 混搭风格的色彩搭配

6.8.1 混搭风格——可爱

✎ **色彩说明：** 作品以粉色为主色，黑色为辅助色，白色花纹的圆镜也添加了可爱的感觉。

✐ **设计理念：** 混搭是把各种风格有主有次地放在一起，可爱与优雅并存，复古与现代结合。

0,27,15,14
0,5,14,91
0,21,2,15

❶ 粉色给人甜美、可爱的感觉。

❷ 黑色镂空花纹屏风既复古又优雅，在可爱中寻找一丝沉稳。

❸ 复古的屏风与现代感的单人沙发混搭，带来强烈的视觉冲击。

✌ **色彩延伸：**

6.8.2 混搭风格——青春

✎ **色彩说明：** 作品以墨绿色为主色，白色墙壁上的装饰画增加了空间层次感。

✐ **设计理念：** 混搭可以是风格的混搭、材质的混搭、色彩的混搭，也可以是年代与时间的混搭。该作品为颜色上的混搭。

100,7,0,65
6,0,100,5
0,16,21,15

❶ 墨绿色的沙发和明黄色的靠枕赋予空间青春的活力。

❷ 墙壁挂画体现了现代和古典合璧的潮流。

❸ 装饰品的使用使空间既有青春的味道又不失优雅大气。

✌ **色彩延伸：**

6.8.3 混搭风格——活跃

✎ **色彩说明：** 作品中色彩分布比较规整，黑色的墙面与黄色的书柜形成了鲜明的对比。

✍ **设计理念：** 作品利用颜色上的混搭使整个空间既理性又时尚。

| 0,15,33,27 |
| 0,1,83,8 |
| 0,0,29,1 |

❶ 黑色的墙面给人沉稳的感觉。

❷ 暖黄色的灯光活跃整个空间的暗色调，使之不沉闷。

❸ 颜色鲜艳的柜子活跃了空间的气氛，减缓了深色调所带来的压抑感。

✌ **色彩延伸：**

6.8.4 混搭风格——平和

✎ **色彩说明：** 作品为中明度色彩基调，中明度、中纯度的配色方案给人平和、舒缓的视觉印象。

✍ **设计理念：** 作品整体装饰风格比较现代、时尚，带有镂空质感的拉门略带中式的韵味，使整个空间形成了独特的混搭风格。

| 0,21,70,32 |
| 0,49,83,82 |
| 0,11,26,42 |

❶ 正方形的原木茶几给人一种规整、简约的感受。

❷ 低纯度配色方案使整个画面充满柔和之感，给人以家的温馨。

❸ 几种不同颜色的沙发，可以起到活跃空间气氛的作用。

✌ **色彩延伸：**

6.8.5 动手练习——室内颜色的呼应

室内设计与服装设计一样，都讲究颜色的呼应，比如墙面使用了黄色，那么某个家具也可以使用黄色进行呼应，当然不需要所有家具都是黄色的。

Before:

After:

6.8.6 设计师谈——混搭风格

混搭是一个时尚界专用名词，是指将不同风格、不同材质、不同身价的东西按照个人口味拼凑在一起，从而混合搭配出完全个人化的风格。

6.8.7 配色实战——色彩搭配

双色配色	三色配色	四色配色	五色配色

6.8.8 常见色彩搭配

随和		混搭	
怅然		可爱	
安静		香浓	
品质		温存	

6.8.9 猜你喜欢

♣ 6.9　田园风格的色彩搭配

6.9.1　田园风格——舒适

✎ **色彩说明：** 作品以白色作为主色调，可以给人干净、清爽的视觉印象，搭配小面积的色彩使其不单调。

✐ **设计理念：** 清新淡雅的碎花装饰，是田园风格最大的特点，这种碎花主要分布在墙面、布纹上面。

0,5,3,12	❶ 暖黄色的灯光烘托宁静惬意的生活环境。
4,2,0,2	❷ 作品为典型的田园式风格，因其自然朴实又不失高雅的气质备受人们推崇。
2,0,24,0	❸ 清新淡雅的元素，使空间显得富有生气。

✌ **色彩延伸：**

6.9.2　田园风格——静谧

✎ **色彩说明：** 整体米色的风格极具典雅气息，再配上乡村软装饰，使人充分领略大自然的静谧气息。

✐ **设计理念：** 简洁的配色、带有浅色条纹的沙发、圆拱形的书橱，每一个细节都代表了田园风格的安然与惬意。

0,19,63,9	❶ 木质家具的陈设让空间充满自然的静谧。
2,0,12,23	❷ 米色调的墙面，回归质朴，退去了累赘的装饰。
0,24,45,18	❸ 繁复的花纹地毯和简单的米色墙面形成强烈的对比，更加烘托出田园典雅静谧的气质。

✌ **色彩延伸：**

6.9.3 田园风格——自然

📝 **色彩说明：** 整个空间为高明度的色彩基调，淡蓝色的墙壁搭配白色的壁炉，显得整个空间干净而清爽。

✏️ **设计理念：** 要打造田园风格，绿植是必不可少的装饰。在该空间中植物的装饰是这个空间的亮点，给人一种身处于自然之中的感觉。

21,3,14,0
76,55,98,20
10,14,25,0

❶ 这是一间书房设计，清新、自然的田园风格，让人倍感舒适。

❷ 良好的采光和高明度的色彩搭配能让人有种放松、休闲之感。

❸ 在这样安静、舒适的环境中阅读或工作，总是能带来轻松、惬意的感觉。

✌️ **色彩延伸：**

6.9.4 田园风格——柔软

📝 **色彩说明：** 带着大方艳丽的色彩和柔美的花纹，柔柔软软的感觉让带着田园风的花色更具风情。

✏️ **设计理念：** 把乡村和田野的味道融入家庭气息中，让人在繁忙的都市生活中感受到乡村田园的无忧无虑，舒适永远是最重要的。

0,100,93,17
0,12,76,4
0,6,16,19

❶ 柔软的布艺让空间柔软浪漫。

❷ 多姿多彩的色调给人以休闲轻松的居住氛围。乡村田园风格恰好表达了朴素简单的居住理念。

❸ 田园风格的清新与脱俗，传递了人们热爱美丽生活的情愫。

✌️ **色彩延伸：**

6.9.5　动手练习——利用壁纸为空间增添情调

白色的墙壁虽然干净，但是总是过于单调。现在的壁纸种类繁多，图样也很多，选择一款与空间气质吻合的壁纸，为空间增加几分情趣。

Before:	After:

6.9.6　设计师谈——浅谈田园风格

田园风格的恬淡与清新受到越来越多人的青睐。舒缓的线条、明快的色彩让家的感觉更温暖柔和。田园风格又称为美式乡村风格，属于自然风格的一支，倡导"回归自然"。在室内环境中力求表现悠闲、舒畅、自然的田园生活情趣，也常运用天然木、石、藤、竹等材质质朴的纹理，巧于设置室内绿化，创造自然、简朴、高雅的氛围。

6.9.7　配色实战——卧室色彩搭配

双色配色	三色配色	四色配色	五色配色

6.9.8 常见色彩搭配

情趣		自在	
生态		素雅	
平静		无忧	
明媚		别致	

6.9.9 猜你喜欢

第 7 章

空间色彩的
视觉印象
Part Seven

Kong Jian Se Cai De Shi Jue Yin Xiang

华丽 / 温暖 / 可爱 / 传统 / 热情 / 清澈 / 沉静 / 复古 / 自然 / 浪漫 / 素雅 / 明亮
/ 摩登 / 时尚 / 幽雅

不同波长色彩的光信息作用于人的视觉器官，通过视觉神经传入大脑后，经过思维，与以往的记忆及经验产生联想，从而形成一系列的色彩心理反应。空间色彩的不同，会产生不同的视觉印象。

☞ 以后要养成一个好习惯，善于发现生活，发现色彩。走进一间房间，不要过多思考，迎面而来冲进脑海里的第一印象是什么？是温暖？是刺激？是浪漫？产生了什么感觉，这就是色彩给我们的视觉印象！要善于归纳、总结，每一个人都可以玩转色彩。让我们一起去探索色彩带给我们不同的视觉印象吧！来吧，向着色彩，出发！去感受它！ ☜

♣ 7.1 华丽色彩

7.1.1 华丽色彩——低调

✍ **色彩说明：** 作品以灰色为主色调，灰色优雅简单大方，点缀金色的华丽，整体低调中带着华丽。

✍ **设计理念：** 时尚现代的个性空间，经典色彩搭出华丽的空间。

0,6,12,75
0,24,61,37
2,1,0,13

❶ 灰色欧式壁纸，简单大方的同时又不会让人觉得缺失品味。

❷ 低调金色自然流露出高雅华丽的风范。

❸ 植物的点缀增添了空间的灵动性。

✌ **色彩延伸：**

7.1.2 华丽色彩——古典

✍ **色彩说明：** 整个设计以酱橙色为主色调，时尚又不失高贵优雅，同时又充满温暖迷人的气息。

✍ **设计理念：** 该作品华而不奢，典雅、高贵，注重追求品质生活。

77,43,0,24
0,26,78,7
0,69,72,15

❶ 水晶吊灯的装饰古典、高贵、华丽。

❷ 褐色地板的选择更加重了室内温润厚重的空间氛围。

❸ 复古的花纹增添了复古怀旧的气息。

✌ **色彩延伸：**

7.1.3 常见色彩搭配

溢彩		华美	
艳丽		瑰丽	
耀眼		雍容	
琳琅		华艳	

7.1.4 猜你喜欢

♣ 7.2 温暖色彩

7.2.1 温暖色彩——柔美

✎ **色彩说明：** 作品暖色调的配色方案使整个家居空间充满温暖、温馨之感。

✐ **设计理念：** 作品化繁为简，简约的设计增加了房间的空间感。

0,0,0,0
100,59,0,45
0,11,70,7

❶ 黄色最纯粹也最容易营造直达人心的温暖颜色。

❷ 以黄色为主色，以蓝色为点缀色，这样的对比色配色原理使整个空间视觉冲击力强。

❸ 挂盘的装饰打破了墙面整体感，使空间具有灵动感。

✌ **色彩延伸：**

7.2.2 温暖色彩——纯洁

✎ **色彩说明：** 作品采用高明度的配色方案，干净、清爽的色彩搭配使整个空间纯洁、清新。

✐ **设计理念：** 淡雅色调的搭配组合，宽慰的柔和色调，就像漂亮的粉彩画般营造出清新梦幻空间。

7,6,0,15
3,0,19,15
0,56,38,20

❶ 柔美淡雅的组合，营造出梦幻般的世界。

❷ 浅淡色系提升了居室的采光感，使空间显得更加明亮。

❸ 白色柔软的靠背椅，草帽形的个性灯饰为房间增添了生活情趣。

✌ **色彩延伸：**

7.2.3 动手练习——更换床品和地毯色调

华丽的色彩，赋予空间优雅高贵的气质，但是更换一下沙发和毛毯的色彩你就会发现不同的色彩打造的华丽空间效果却是大不相同！

Before:

After:

7.2.4 设计师谈——妙用温暖色彩

暖色调总是可以给人无限活力，为生活贴上快乐的标签。在家居中，暖色调的配色方案可以打造一个温馨的空间氛围，创造出一个舒适的家居环境。

7.2.5 配色实战

双色配色	三色配色	四色配色	五色配色

7.2.6　常见色彩搭配

惠和		柔媚	
温馨		温和	
耀眼		晴朗	
暖暖		和煦	

7.2.7　猜你喜欢

♣ 7.3 可爱色彩

7.3.1 可爱色彩——俏丽

✎ **色彩说明：** 作品以天蓝色和苹果绿搭配，以白色为点缀，加上糖果色的梦幻，俏丽而可爱。

✎ **设计理念：** 可爱色彩具有浪漫唯美的视觉，给人梦幻的感觉，甜美的颜色具有糖果般的甜蜜感。

0,71,85,84
0,19,51,20
0,19,56,11

❶ 天蓝色和苹果绿的壁纸，清爽而自然。
❷ 白色的床单减轻了蓝绿花纹的繁乱感，让空间显得纯净。
❸ 作品整体色调统一、和谐，颜色变化丰富，但不杂乱。

✌ **色彩延伸：**

7.3.2 可爱色彩——童趣

✎ **色彩说明：** 绿色清新淡雅，蓝色和白色的搭配清澈雅致。

✎ **设计理念：** 把各种儿童元素集合在一起，让宝宝的童年更具乐趣。

0,7,24,42
7,0,61,35
56,33,0,60

❶ 多种颜色的色彩搭配富有童稚感，符合儿童心理。
❷ 图案斑斓的装饰物具有可爱而童趣的视觉。
❸ 蓝色的地板与绿色的墙面使房间显得清新自然。

✌ **色彩延伸：**

7.3.3　常见色彩搭配

青春		童话	
活泼		纯洁	
天真		玲珑	
无瑕		稚嫩	

7.3.4　猜你喜欢

♣ 7.4 传统色彩

7.4.1 传统色彩——古朴

✎ **色彩说明**：色彩以沉稳的深褐色为主，再配以黄色的靠垫、坐垫就可烘托居室的氛围，搭配暖黄色的照明，给人以古朴、亲切的感觉。

✎ **设计理念**：作品古朴的设计风格可以在温润柔和的情境氛围中，体现空间的纯粹价值。

0,13,24,16
0,0,0,100
0,22,69,9

❶ 整体采用中式古建筑风格，搭配以现代的家居，简洁、古朴、大气、时尚。

❷ 黄色的靠垫、坐垫就可烘托居室雅致的氛围。

❸ 古典的宫灯造型，与暖黄的沙发交相辉映，使整个空间显出一种大气的和谐美、古典美。

✌ **色彩延伸**：

7.4.2 传统色彩——韵味

✎ **色彩说明**：白色和棕色的搭配，优雅大气。白色调质朴优雅，棕色调沉稳，使整个空间带着浓浓的韵味。

✎ **设计理念**：用色彩诠释生活，搭配诠释魅力。

0,71,92,53
0,96,92,22
0,21,61,13

❶ 棕色和白色搭配的客厅，显得优雅时尚。

❷ 实木扶梯和实木茶几的运用让客厅充满了质朴与浓浓的韵味。

❸ 传统的大红色搭配白色的靠枕点缀整个空间的时尚感。

✌ **色彩延伸**：

7.4.3　动手练习——更换整体色调

可爱的色彩，运用在局部色彩的点缀中，可以让人的心情瞬间愉悦起来。不一样的色彩，同样可以使室内设计表现出很可爱的感觉。

Before:

After:

7.4.4　设计师谈——妙用传统色彩

传统的色彩，在室内设计上合理搭配，会让空间充满饱满的生活气息。让空间合理且和谐的经典搭配，散发着儒雅安逸的气质。

7.4.5　配色实战

双色配色	三色配色	四色配色	五色配色

7.4.6 常见色彩搭配

干净		质朴	
儒雅		淡雅	
单调		爽快	
简单		含蓄	

7.4.7 猜你喜欢

♣ 7.5 热情色彩

7.5.1 热情色彩——艳丽

✎ **色彩说明：** 作品以红色为主色调，使整个空间体现出奔放热情之感，能够使人随时随地保持心情愉悦。

✍ **设计理念：** 作品开放式的厨房设计，客厅与餐厅相连，利用颜色的搭配使整个空间联系紧密。

0,95,95,14
0,3,69,4
56,0,2,29

❶ 大面积地采用红色，营造出强烈的空间视觉感。
❷ 高明度色彩的大片使用、夸张的花纹、多彩的地毯，使空间产生了一种奔放、艳丽、热情的感觉。
❸ 白色的墙壁则调和了红色带来的刺激感。

✌ **色彩延伸：** ■■■■■■■ ■■□□■ ■■■■■■■

7.5.2 热情色彩——活力

✎ **色彩说明：** 作品采用红与绿的互补色配色方案，给人视觉上的巨大冲击，而黄色的加入会缓解这种视觉刺激所带来的疲惫感。

✍ **设计理念：** 作品颜色丰富，活泼跳跃，可以为房主营造一个欢乐的氛围。

0,16,51,2
0,81,72,10
49,0,41,54

❶ 黄色为暖色调，作品利用大面积的黄色为家居空间增加温暖气息。
❷ 从作品中的壁橱，可以看出来该空间设计为欧式风格。
❸ 白色的点缀提升整体空间的层次感、立体感。

✌ **色彩延伸：** ■■■□□ ■■■■■■■ ■■■■

7.5.3 常见色彩搭配

奔放					喧哗				
强烈					繁华				
醒目					沸腾				
洋溢					炽热				

7.5.4 猜你喜欢

♣ 7.6 清澈色彩

7.6.1 清澈色彩——活泼

✎ **色彩说明：** 作品采用暖色调的配色方案，整个空间氛围淡雅、舒适，使人身心愉悦。

✍ **设计理念：** 作品中造型新颖的座椅和墙角的装饰画都使整个空间流露着艺术气息。

0,15,71,2

16,0,10,20

1,0,0,14

❶ 以黄色调为主题色，空间看起来儒雅而不失时尚，安静而不失温暖。

❷ 黄色系的桌子、地板和浅绿色的椅子在颜色搭配上属于类似色系，使空间色调和谐的同时充满变化。

❸ 青翠的植物，让房间多了自然的味道。

✌ **色彩延伸：**

7.6.2 清澈色彩——轻灵

✎ **色彩说明：** 蓝色赋予空间轻灵、悠远、静谧的特性，白色提升了空间的亮度，营造出豁达敞亮的家居环境。

✍ **设计理念：** 层次分明的冷色调营造出惊艳的视觉张力，在这充满冷色调家居环境中，萦绕着一种淡淡的温润别致。

34,22,0,4

66,40,0,25

80,62,0,58

❶ 蓝色和白色的搭配流露出一种永恒而清新的沉静。

❷ 蓝色赋予空间轻灵、悠远、静谧的特性。

❸ 室内棕色吊灯样式简单而典雅。

✌ **色彩延伸：**

7.6.3 动手练习——更换整体色调

红色,是热情奔放的色彩,看到它,人们在心中都会漾起浓浓的暖意。将红色巧妙地运用到家居中,可以给人带来热情奔放的视觉感受哦!

  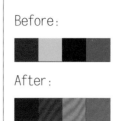

7.6.4 设计师谈——妙用清澈色彩

清澈的色彩家居设计,可以舒缓心神,释放心灵,有助于对抗精神压力、身体透支和疲劳感,让人们的大脑得到充分的休息和放松。

✿ 蓝色是一种沉稳的颜色,它所代表的性格特点是内敛深沉、谦虚谨慎、善始善终、严格自律、善解人意等。蓝色,应用于家居之中,总是给人清澈、浪漫的感觉。

7.6.5 配色实战

双色配色	三色配色	四色配色	五色配色

7.6.6　常见色彩搭配

清零		清亮	
清浄		流畅	
丝柔		轻灵	
清澄		静谧	

7.6.7　猜你喜欢

♣ 7.7 沉静色彩

7.7.1 沉静色彩——安逸

✎ **色彩说明**：作品以米色为主色调，合理地搭配橘黄、米色和绿色，流露出清新而沉静的安逸感。

✐ **设计理念**：简单的素色搭配，演绎的是一种永恒而清新的沉静。

0,8,57,4	❶ 橘黄、灰色和黄绿色，这些人性化的素色演绎的是一种永恒而清新的沉静。
0,19,51,20	❷ 地毯、台灯与绿色的植物营造出恬静温馨的感觉。
0,19,56,11	❸ 褐色的纯木茶几透出一种厚实感。

✌ **色彩延伸**：

7.7.2 沉静色彩——优雅

✎ **色彩说明**：深蓝色代表着宁静、豁达和沉稳，白色纯净透彻。

✐ **设计理念**：随意的搭配流露出的则是知性、优雅的韵味，体现了一种情绪的温度和对生活的感悟。

0,7,18,9	❶ 灰色的地面与洁白的墙面显得格外清爽。
0,14,68,18	❷ 简洁的布局、柔和的灯光和黄色的台布为室内增加了几分温暖。
56,25,0,76	❸ 深蓝色的布艺沙发，沉稳大气。

✌ **色彩延伸**：

7.7.3 常见色彩搭配

沉着			安静		
冷静			沉寂		
冷凝			缓慢		
简约			沉默		

7.7.4 猜你喜欢

♣ 7.8 复古色彩

7.8.1 复古色彩——夸张

🖎 **色彩说明：** 作品采用了浓重的色彩搭配，主要以金色以及各种棕色系搭配，显得大气而奢华，富有贵族气质。

✎ **设计理念：** 作品类似色的配色方案使整个空间远看色调统一，近看变化丰富。

0,74,56,4

0,41,67,35

0,10,23,51

❶ 丝质光滑的靠垫，繁复的花纹有一种华丽优雅的诱惑。

❷ 复古造型的沙发与台灯，每一个细节都散发出一种怀旧的艺术感。

❸ 大簇的红色花朵起到画龙点睛的作用，不仅使整个空间多了分生机，也让空间显得更加华美起来。

💅 **色彩延伸：**

7.8.2 复古色彩——气质

🖎 **色彩说明：** 浓重的色彩搭配，主要以金色以及各种棕色系的搭配，显得大气而奢华，富有贵族气质。

✎ **设计理念：** 或多或少有一些怀旧的情愫，并带有摩登复古恰到好处的小情调。

0,36,77,31

0,19,51,20

0,19,56,11

❶ 柔软的布艺窗帘点缀空间浓浓的优雅气息。

❷ 褐色的木质吊顶，与台布、皮质的椅子相互呼应，使餐厅有种温润典雅的感觉。

❸ 精致的烛台和水晶吊灯的添加，为餐厅的整体复古感、华美感加分。

💅 **色彩延伸：**

7.8.3　动手练习——更换整体色调

采用深色的色彩搭配，可以让整个居室感觉深沉、安静。沉静的色彩可以起到舒畅性情的作用，来换一种色彩营造平和的心境吧！

Before:

After:

7.8.4　设计师谈——妙用复古色彩

复古的色彩总能给我们带来宁静与平和，　为室内增添一丝独有的韵味，让房间变得不仅仅是一个休息的地方，更像是一个充满美感的艺术作品。

✤ 复古色彩在室内搭配中的妙用，为时尚的家居环境添加了一丝古典气质，同时也给空间赋予浓厚的艺术气息。

7.8.5　配色实战

双色配色	三色配色	四色配色	五色配色

7.8.6 常见色彩搭配

斑驳				怀日			
年代				内涵			
异域				清高			
简约				历史			

7.8.7 猜你喜欢

♣ 7.9 自然色彩

7.9.1 自然色彩——质朴

✎ **色彩说明：** 中明度的色彩基调给人一种稳定、质朴的视觉印象。

✎ **设计理念：** 作品中粗糙的石头墙面与洁白的门帘、桌布形成强烈的对比，一柔一刚对比鲜明。

0,52,96,79
0,16,40,19
0,28,59,27

❶ 简洁乡土风味的设计，尽显自然的质朴感。

❷ 铁艺花纹的点缀使空间充满时尚气息。

❸ 白色的布艺与粗犷的石头结合，产生夸张的质感对比，给人一种新的感受。

✌ **色彩延伸：**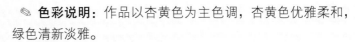

7.9.2 自然色彩——悠然

✎ **色彩说明：** 作品以杏黄色为主色调，杏黄色优雅柔和，绿色清新淡雅。

✎ **设计理念：** 轻巧优雅的造型、和谐的色调，带来一种写意、时尚、悠然自得的品位享受。

11,0,30,24
0,41,77,23
0,5,17,40

❶ 石头和木质吊顶质朴的结合，尽显自然的色彩。

❷ 绿色的沙发干净、质朴，显得整个空间清新而安静。

❸ 未多加修饰的实木材质带来天然而朴实的宁静感。

✌ **色彩延伸：**

7.9.3 常见色彩搭配

清新			原木		
雅意			生态		
旖旎			画卷		
优美			温馨		

7.9.4 猜你喜欢

♣ 7.10 浪漫色彩

7.10.1 浪漫色彩——香艳

✎ **色彩说明：** 紫色是一种高雅的颜色，偏红的暖紫色突显高贵气质，灰色调细致精致。

✐ **设计理念：** 紫色是浪漫的代言，给家中加一点粉紫点缀，提升浪漫气息，加倍幸福！

0,17,56,18
0,34,18,52
2,0,6,28

❶ 诱惑的紫色，大大的落地窗，房间在阳光中散发着华贵浪漫诱惑。

❷ 浅色木质地板的选择更增添了室内温润厚重的空间氛围。

❸ 细致的素色缎纹窗帘，突显了时尚精致风范。

✌ **色彩延伸：**

7.10.2 浪漫色彩——雅典

✎ **色彩说明：** 作品以米色系和粉紫色为主色调，米色系淡雅，粉紫色系温馨。

✐ **设计理念：** 时尚中不失高贵，简约中不失浪漫，舒适的家居设计是目标。

0,22,26,22
0,11,35,19
9,0,6,22

❶ 米色、粉紫色，虚幻的手法，光影的融合，梦幻又浪漫。

❷ 没有过多繁复的装饰，随意而精致地点缀空间。

❸ 蕾丝淡雅的感觉，浪漫、典雅又华丽。

✌ **色彩延伸：**

7.10.3 动手练习——统一空间色彩

在本案例中，修改之前的沙发颜色过于鲜艳，无法与整个空间的颜色相互协调。经过修改，减少了沙发的色彩，使整个空间的颜色更加和谐、统一。

Before:

After:

7.10.4 设计师谈——妙用浪漫色彩

每一种色彩都是一种心情，缤纷绚丽的色彩，曼妙多姿的心情。用色彩让你的世界浪漫美丽起来吧！

✤ 绚丽的色彩总能给人带来欢乐的心情，和谐的色彩搭配令人赏心悦目。色彩的多样能够为家居带来焕然一新的变化，更能为生活添加浪漫的氛围。

7.10.5 配色实战

双色配色	三色配色	四色配色	五色配色

7.10.6 常见色彩搭配

迷人		幻想	
梦迷		醉人	
追忆		幸福	
暧昧		温馨	

7.10.7 猜你喜欢

♣ 7.11　素雅色彩

7.11.1　素雅色彩——温馨

✎ **色彩说明：**作品以米色调为主色调，米色调有安静素雅的气质。粉色和黄色的点缀，增添了空间的温馨感。

✎ **设计理念：**和谐素雅的色彩可以营造出亲切舒适的氛围，让生活充满情趣的同时，又可以消除一天的疲劳感。

0,1,4,6	❶ 靠垫、鲜花让素雅的房间变得活泼多姿。
0,16,24,10	❷ 柔软的布艺沙发、装饰画修饰的背景墙简约大方。
0,4,47,14	❸ 白色与粉色的搭配使空间显得素雅温柔。

✌ **色彩延伸：**

7.11.2　素雅色彩——轻松

✎ **色彩说明：**绿色清新自然的味道，白色干净整洁的气质，奶油色的搭配，素雅的色调，给予家居最轻松的心情。

✎ **设计理念：**清新格调，品味超凡的家。

3,0,36,20	❶ 简单素雅的色彩搭配，营造出舒适、清新的家居环境。
0,13,16,31	❷ 简单精致的装饰，随意而处处精致。
0,5,26,2	❸ 大大的落地窗，宽广的视觉感受。

✌ **色彩延伸：**

7.11.3 常见色彩搭配

文雅				涟漪			
安静				淡雅			
脱俗				意境			
轻灵				平和			

7.11.4 猜你喜欢

♣ 7.12 明亮色彩

7.12.1 明亮色彩——张扬

✎ **色彩说明:** 黄绿是最具清凉感的色彩之一,它清润而妥帖,张扬却充满生机。

✐ **设计理念:** 营造出脱俗的气质,品质也在细节中得到无限的升华,处处体现出无与伦比的设计感。

0,10,66,15
2,0,44,24
10,0,72,61

❶ 对称式的布局方案给人一种严谨的视觉感受。

❷ 黄绿色柔和的色调,将这种凉爽的细节带入你的居室,使空间开朗明亮。

❸ 带有立体感的壁纸为这个简约的空间添加了一份活力。

✌ **色彩延伸:**

7.12.2 明亮色彩——绚丽

✎ **色彩说明:** 作品以蓝色调为主色调,蓝色调明亮清新,合理搭配红色、绿色,打造了一个绚丽多彩的空间。

✐ **设计理念:** 风格迥异的壁纸,每个空间都代表不同心情,用细节精致生活。

77,7,0,12
23,0,60,15
0,54,76,4

❶ 风格浓郁的绣花图案沙发,搭配同色系的靠枕,给人自然、丰富的绚丽视觉感。

❷ 蓝白色墙壁壁纸的铺贴为整体添加洁净度。

❸ 夸张的印象画具有色彩绚丽的感觉。

✌ **色彩延伸:**

7.12.3　动手练习——减少颜色，打造一个理智、低调的空间

若要打造一个理智、低调的家居空间，首先，配色要简约；第二，颜色不能过于鲜艳。在本案例中，修改之前的沙发颜色鲜艳、丰富，使整个空间气氛呈现出活跃的状态。经过修改，减少了颜色的种类，并将沙发改为橄榄绿色，这样一来，整个空间的颜色变得单纯了，理智、低调的气氛也随之而来。

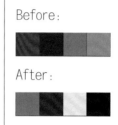

Before:

After:

7.12.4　设计师谈——妙用素雅色彩

家居装修中采用素雅色彩，安然静好，少了几分鲜艳夺目，多了一丝淡泊随意，素净而风格淡雅的家居设计，符合了崇尚自然环保的理念。

7.12.5　配色实战

双色配色	三色配色	四色配色	五色配色

7.12.6　常见色彩搭配

青春				璀璨		
时尚				夺目		
焦点				闪烁		
靓丽				饱满		

7.12.7　猜你喜欢

♣ 7.13 摩登色彩

7.13.1 摩登色彩——率真

✑ **色彩说明：** 纯白色的素雅设计让空间更大、更舒适，粉色带来活力和暖意，黑色沉稳大气。

✐ **设计理念：** 复古、摩登、富有生活的热情，是住宅的特点。

0,23,9,16	❶室内通透明亮，惬意地享受安静的午后时光。
0,48,19,27	❷粉色的搭配给室内带来了活力和暖意。
0,18,36,13	❸简约的色彩运用具有对空间的整合性。

✌ **色彩延伸：**

7.13.2 摩登色彩——独特

✑ **色彩说明：** 作品以黄色调为主色调，黄色调给人温暖的感觉。

✐ **设计理念：** 独特、温暖、真实，充满个性，又融合了复古与摩登的风格。

0,20,89,18	❶充足的采光，复古经典的家居摆设，是一种暖暖的家的感觉。
66,26,0,22	❷独特的吊灯和椅子，具有十足的时尚摩登感。
13,0,41,50	❸个性独特的地板，给整个空间增加了独特的韵味。

✌ **色彩延伸：**

7.13.3 常见色彩搭配

痛快			新式		
记忆			时髦		
刺激			笔挺		
现代			漂亮		

7.13.4 猜你喜欢

♣ 7.14 时尚色彩

7.14.1 时尚色彩——冷静

✎ **色彩说明：** 作品利用黑与白产生强烈的对比效果，再加上黄色的点缀，使整个空间色彩饱满、丰富。

✐ **设计理念：** 以极简约的风格和明快的线条，使得空间最大化，兼顾了美观和实用的特点。

16,13,0,88
0,0,0,3
0,9,79,6

❶ 黑白为主的配色是冷静理智的，而又不失经典与时尚。

❷ 点缀了黄色，空间仿佛就显得更加活跃起来。

❸ 没有琐碎的装饰物，风格十分简约。

✌ **色彩延伸：**

7.14.2 时尚色彩——炫酷

✎ **色彩说明：** 灰色具有深沉而艺术的效果。灰色调的搭配，使整体空间显得干净，又如此安静。

✐ **设计理念：** 彰显个性的家居摆件，带来点睛效果，营造出浓烈的私人化色彩家居氛围。

0,24,41,93
0,47,70,82
1,0,3,13

❶ 灰色调给人安静的感觉，装饰物的搭配点亮空间的时尚和炫酷。

❷ 树木造型的书架，彰显个性，带来画龙点睛的效果。

❸ 砖块纹理的墙面、金属质感的吉他使得空间多了一份粗犷不羁。

✌ **色彩延伸：**

7.14.3 动手练习——时尚流行色

流行色就是流行的风向标，是带有倾向性的色彩。掌握了流行色的风舵，就能引领潮流方向。现代装修的流行趋势是轻装修重装饰，简化空间。修改之前，沙发的颜色为黑色。黑色让原本明亮的空间变得压抑、沉重。将沙发颜色更改颜色后，空间的气氛变得活跃、灵动。

Before:

After:

7.14.4 设计师谈——妙用时尚色彩

时尚的色彩搭配，赋予空间不一样的情感环境。时尚的色彩搭配，出色地演绎出色彩的情感，从而来表达人们的性格、品位和情感世界。

✿ 色彩本身是没有灵魂的，合理的色彩搭配，出色的色彩元素，将色彩运用得极具创意性，使人们能在家居中感受到色彩的情感，并带给人们奇妙、时尚的视觉享受。

7.14.5 配色实战

双色配色	三色配色	四色配色	五色配色

7.14.6　常见色彩搭配

前卫	![][]	独特	![][]
记忆	![][]	流行	![][]
绚烂	![][]	碰撞	![][]
低调	![][]	激情	![][]

7.14.7　猜你喜欢

♣ 7.15 幽雅色彩

7.15.1 幽雅色彩——美好

✎ **色彩说明：** 作品利用颜色的对比，使蓝色的装饰突显出来，使得地中海风格更加鲜明。

✐ **设计理念：** 柔和的色调应用在餐厅中，可以为人营造一个温馨、舒适的就餐环境。

0,4,23,18
55,10,0,20
14,10,0,65

❶ 精致的细节加重空间的优雅感觉。

❷ 复古气息浓厚的吊灯与烛台让整个空间在有种清新韵味的同时多了几分典雅。

❸ 整体色调的处理，让整个空间具有优雅且惬意的享受感。

✌ **色彩延伸：**

7.15.2 幽雅色彩——宁静

✎ **色彩说明：** 作品以纯白色为主色调，纯白色的干净整洁带来安逸的宁静感，深咖色的点缀使空间变得有层次感。

✐ **设计理念：** 简约的家具，整齐的位置，如此清爽洁净的家居环境，怎能不带来赏目醉心的舒适感？

0,14,39,17
3,0,18,72
0,37,78,77

❶ 铁艺的椅子与格子的窗帘，每个细节都充斥着浪漫的风情。

❷ 暖色调的灯光营造出温馨的气氛。

❸ 纯白色带来优雅的宁静感。

✌ **色彩延伸：**

7.15.3　常见色彩搭配

高贵						张弛				

7.15.4　猜你喜欢

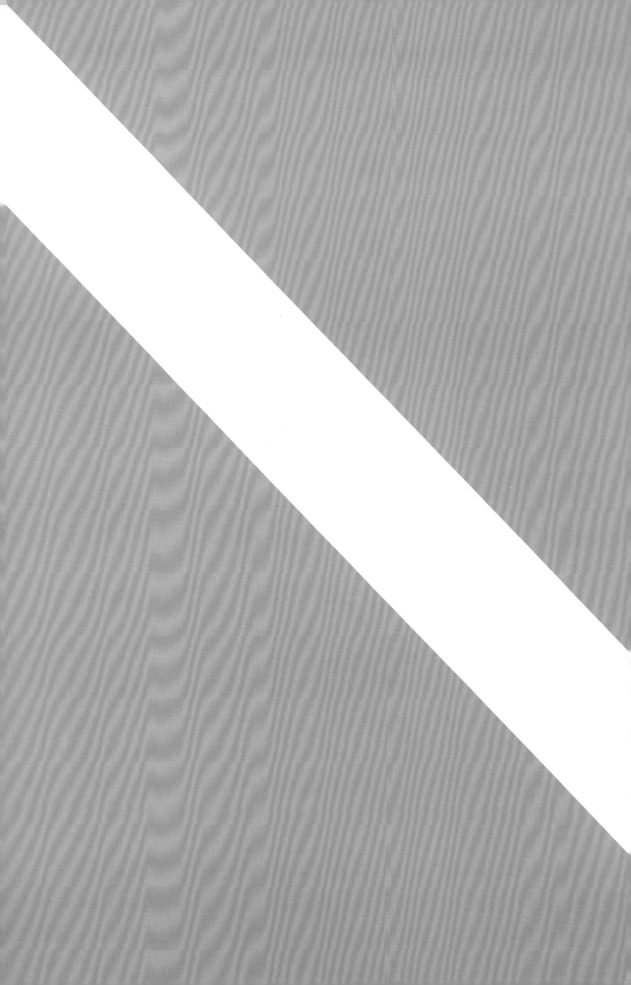

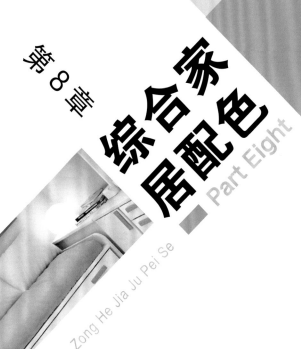

第 8 章

综合家居配色

Part Eight

Zong He Jia Ju Pei Se

♣ 8.1 书房配色

8.1.1 项目分析

书房类型： 现代风格温馨书房。

配色分析： 邻近色搭配。

| 0,50,85,29 | 0,26,62,12 | 0,0,0,3 | 0,18,40,20 | 0,30,57,38 |

8.1.2 案例分析

❶ 书房作为工作、阅读、学习的空间，其设计以功能性为主。在其装修中必须考虑安静、采光充足、有利于集中注意力，为达到此效果可以使用色彩、照明、饰物等不同方式来营造。

❷ 打造一间属于自己的个性书房，繁忙时，可以在其中休憩，与书香为伴，这样的惬意生活，绝对让人羡慕。简单的格子让这个空间显得艺术味道很浓，简约不凌乱。

❸ 橙色能唤起创意，橙色让你的眼睛和大脑变得活泼、有想象力。本案例把橙色用在需要获得创造性思维和能量的地方——书房。

8.1.3　配色方案

（1）明度对比

—— 低明度 ——

❖ 低明度配低明度则深重幽暗，低明度的色彩和较暗的灯光来装饰，则给人一种"隐私性"和温馨之感。

—— 高明度 ——

❖ 高明度配高明度有一种轻而淡、浮动而飘逸的感觉。

（2）纯度对比

—— 低纯度 ——

❖ 低纯度色彩使人产生朴素大方的感觉。

—— 高纯度 ——

❖ 高纯度色彩饱满，适合体现鲜艳、明晰的风格。

（3）色相对比

—— 粉色调 ——

❖ 粉色调的书房既不沉闷又不过于夸张，给人可爱、温馨、柔软的感觉，适合女性。

—— 绿色调 ——

❖ 绿色调的书房以淡雅为基调，带入自然、恬静、淡然的氛围，让人彻底放松。

（4）面积对比

—— 白色面积的使用 ——	—— 鹅黄色面积的使用 ——

❀ 白色的大面积使用，使整个空间显得明亮而通透。	❀ 鹅黄色淡淡的暖色调，给人一种清新宁静的感觉，让人的心不知不觉沉静下来。

（5）色彩延伸

——红色——	——蓝色——

❀ 时尚的红色装点着墙面，彰显着一种活力热情。橙色和白色的点缀，温暖舒适透露出慵懒的感觉。	❀ 蓝色的墙面搭配白色的书架和桌椅，淡黄色布艺的点缀，恬静明朗的基调，营造出放松和休闲的感觉。

8.1.4　佳作赏析

8.1.5 优秀书房配色

简约风格的书房

❖ 简约主义提倡线条和几何形状，所以书房家具或造型上都没有过分的装饰，给人时尚、现代、简约、轻便的感觉。浅黄色和白色的搭配，色彩明快跳跃，体现了安逸时的节奏感，整个空间简洁实用而又富有朝气。

地中海风格的书房

❖ 蓝白相间的色彩搭配，给人一种清新自然的感觉，简单的设计配上地中海风的颜色以及图案，简洁明快，勾勒出一种纯净、自由、亲切、淳朴而浪漫的自然风情，让学习、工作的疲惫消失在这清新的感觉里。

欧式风格的书房

❖ 采用棕色系色调，使书房显得沉稳庄重。欧式的风格设计元素使书房多了一份低调的华美感。整个空间简洁明亮、自然和谐，给人一种矜持的优雅感。

♣ 8.2 儿童房家居配色

8.2.1 项目分析

书房类型：唯美可爱儿童房。

配色分析：高级灰色调搭配。

| 0,16,31,75 | 0,23,25,31 | 0,18,34,32 | 0,6,6,5 | 0,3,14,23 |

8.2.2 案例分析

❶ 科学合理地装潢儿童居室，对培养儿童心理健康成长，启迪他们的智慧，养成独立的生活能力，具有十分重要的意义。在儿童房的设计与色调上要特别注意安全性搭配原理。

❷ 儿童居室的色彩应丰富多彩、活泼新鲜、简洁明快，具有童话式的意境，让儿童在自己的小天地里自由地学习生活。

❸ 在儿童居室的装饰装潢设计中，一定要照顾儿童这一时期的心理特点，满足儿童在色彩上的审美需求，用热烈、饱满、艳丽的色彩去美化儿童房间，使儿童的生活空间洋溢着希望与生气，充满着想象和幻想。

8.2.3 配色方案

（1）明度对比

| —— 低明度 —— | —— 高明度 —— |

❖ 将整个空间更改为低明度，空间少了婴儿房本该有的温馨、可爱之感。

❖ 高明度颜色有软、轻、薄感的特点，高明度色彩清新明亮，给儿童轻松愉悦的感觉。

（2）纯度对比

| —— 低纯度 —— | —— 高纯度 —— |

❖ 若空间颜色整体过低，就会给人一种模糊、混沌之感。

❖ 纯度较高的鲜艳色彩则可获得一种欢快、活泼与愉快的空间气氛。

（3）色相对比

| —— 紫色调 —— | —— 红色调 —— |

❖ 紫色调在儿童房的设计装修中，更加快速地体现出童话世界里的烂漫感觉。

❖ 红色调的使用让整个空间热烈，并有利于培养儿童活泼的个性。

（4）面积对比

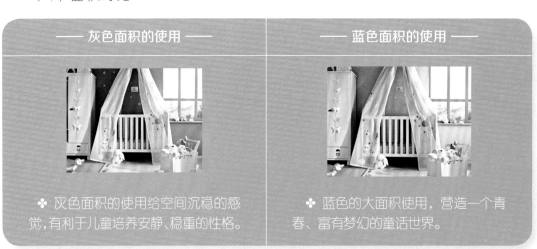

—— 灰色面积的使用 ——

❖ 灰色面积的使用给空间沉稳的感觉，有利于儿童培养安静、稳重的性格。

—— 蓝色面积的使用 ——

❖ 蓝色的大面积使用，营造一个青春、富有梦幻的童话世界。

（5）色彩延伸

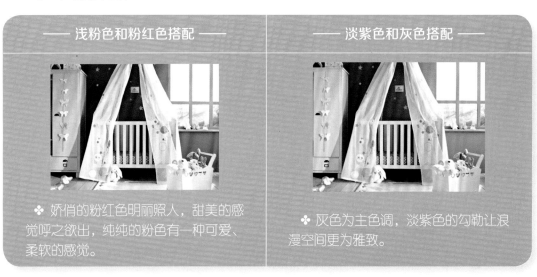

—— 浅粉色和粉红色搭配 ——

❖ 娇俏的粉红色明丽照人，甜美的感觉呼之欲出，纯纯的粉色有一种可爱、柔软的感觉。

—— 淡紫色和灰色搭配 ——

❖ 灰色为主色调，淡紫色的勾勒让浪漫空间更为雅致。

8.2.4　佳作赏析

8.2.5　优秀儿童房配色方案

❖　各种不同的绿色色调和蓝色调变化，营造出空间的清新自然之感。翠绿的橱柜、嫩绿的橱柜门、浅蓝色的墙面及黄绿桃红色的花朵点缀，令整个空间充满了自然的气息。淡雅的整体色调，营造了一种安静、优雅的格调。甩掉沉闷，让儿童快乐地度过童年生活。

❖　黄色代表快乐、光明和积极。橙色和黄色搭配给人一种活跃、调皮的感觉，有利于培养儿童乐观向上的性格。

❖　展现层次感。蔚蓝天空的背景墙加上松软舒适的白色床品，躺在上面真真好似与朵朵白云拥抱着。一盏蓝色搭配白色云朵造型的创意灯具为卧室整体加分不少。绿色的地毯如草地般，自然的味道。大大小小的玩具，体现了自然的感觉。

♣ 8.3 客厅家居配色

8.3.1 项目分析

房间类型： 现代简约风格时尚客厅。

配色分析： 黑白灰经典无色搭配。

0,11,20,31	0,11,17,36	83,100,0,98	0,10,13,58	0,5,8,7

8.3.2 案例分析

❶ 客厅是宴客最重要的场所，可以将你的生活品位尽情地展现给每位客人。一个独具个人风格的客厅会给人留下深刻的印象。

❷ 客厅应是整个居室装修最漂亮或最有个性的空间。客厅是家居活动中最为频繁的区域，因此在设计上要注意空间的宽敞化，不管空间是大是小，都要注意这一点，因为宽敞的感觉可以给人带来心灵上的放松。

❸ 黑白灰的经典的现代装修，它的宗旨在于简约而不简单，设计感和创新感十足，而不是简单的"堆砌"和平淡的摆放，着重强调了客厅的功能化和人性化，同时给人时尚、舒适的感觉。

8.3.3 配色方案

（1）明度对比

—— 低明度 ——	—— 高明度 ——

❖ 纯度较低的各种灰色可以获得一种安静、柔和、隐私的空间氛围。

❖ 以高明度色彩为主的家居设计，可表现清新、明朗、轻快的环境氛围。

（2）纯度对比

—— 低纯度 ——	—— 高纯度 ——

❖ 原图所表现的空间为中纯度色彩基调，若继续降低空间中的颜色纯度，会让整个空间失去色彩，从而变得单调之味。

❖ 将空间颜色的纯度调高后，整个空间呈现出一种浮躁、喧闹之感，与原本所要体现的简约风格背道而驰。

（3）色相对比

—— 灰色调 ——	—— 橙色调 ——

❖ 灰色作为室内的颜色，营造一种柔和、温暖的感觉，让客厅典雅而不失温柔。

❖ 橙色为暖色调，暖色调应用在家居空间中，可以让整个空间弥漫着温馨、幸福的味道。

（4）面积对比

—— 紫色面积的使用 ——	—— 红色面积的使用 ——

❖ 将紫色作为空间的主色调，为空间创造了浪漫、神秘的氛围。

❖ 在整体黑白色调的搭配中，客厅中大块红色面积的使用更能营造温暖舒适的氛围。

（5）色彩延伸

—— 经典的黑白搭配 ——	—— 黄色和红色搭配 ——

❖ 黑白色调的大面积使用，让整个客厅看起来干净整洁且优雅。

❖ 黄色的墙面搭配红色的沙发，热烈中带着一丝温暖，使客厅设计个性十足。

8.3.4 佳作赏析

8.3.5 优秀客厅配色方案

❀ 红色的墙面，营造火热的氛围，简单倾斜的吊顶让空间更加开阔。白色、浅黄色和绿色搭配的沙发，出挑的鲜亮色彩变化打破了单调感，让沙发色彩有了层次变化。电视背景上点睛的贴画为颇具活力的客厅加分。

❀ 优雅的鹅黄色墙面，橙色的沙发，大大的落地窗让阳光充满整个空间。精致柔软的靠枕赋予空间典雅温馨的气氛。地毯的独特花纹与质地带来了一种骄傲典雅的英伦风范，衬托着简洁的空间布置，使整个设计弥漫着一种淡淡的含蓄与矜持。

❀ 客厅是家的灵魂。明亮是客厅的最佳表情，良好的通风环境，提供一个呼吸的自由空间。绿色的沙发、黄色的靠枕和植物的点缀，不经意间为整个空间渲染出生机勃勃的春意和最简单的自然气息。

♣ 8.4 卧室家居配色

8.4.1 项目分析

房间类型：优雅卧室。

配色分析：中灰色调。

0,19,33,29	3,3,0,25	0,15,24,65	0,6,10,31	0,7,14,8

8.4.2 案例分析

❶ 卧室是人们休息的主要处所，卧室布置得好坏，直接影响到人们的生活、工作和学习，所以卧室也是家庭装修设计的重点之一。卧室设计时要首先注重实用，其次才是装饰。

❷ 中纯度的配色方案应用在卧室之中，可以舒缓人的心情，有助于人的睡眠。

❸ 简欧风格的设计，华丽但不夸张，优雅但不失品位，适合现在的年轻人。

8.4.3　配色方案

（1）明度对比

—— 低明度 ——	—— 高明度 ——

❖ 降低空间的明度，使整个空间颜色变得压抑、晦暗，不适合人的休息与睡眠。

❖ 高明度的配色方案给人明亮、通透的感觉，但是在本案例中，由于颜色明度过高，导致整个空间显得浮躁、张扬。

（2）纯度对比

—— 低纯度 ——	—— 高纯度 ——

❖ 低纯度色彩为主的色调，可表现柔和、含蓄、典雅或平和、朴素的情感意象。

❖ 高纯度色彩为主的色调，可产生单纯的、艳丽的、装饰性的画面效果，给人强烈刺激的视觉感受，富于生气与活力。

（3）色相对比

—— 青色调 ——	—— 红色调 ——

❖ 青色调的卧室色彩搭配给人宁静、和谐为主的旋律。

❖ 红色让卧室更显激情。融合紫红色与淡粉色的卧室，温馨中稍带个性，房间的整体感觉也随之有了改变。

（4）面积对比

—— 灰色的大面积使用 ——	—— 灰玫红色的大面积使用 ——

✿ 灰色的大面积使用，让整个空间散发着舒适安逸的气息，可以让忙碌一天的思绪在此刻冷静放松下来。	✿ 灰玫红的大面积使用，为卧室整体营造优雅浪漫的气氛。

（5）色彩延伸

✿ 蓝色能给人宁静祥和的感觉，蓝色与乳白色的组合是一种干净纯净的搭配。

✿ 薰衣草一样的紫色在传递神秘的同时，也为卧室增添了尊贵。

8.4.4　佳作赏析

8.4.5　优秀卧室配色方案

❖ 大大的落地窗饰以白色的纱幔，使整个空间有一种轻灵感和通透感。高明度色彩的运用使空间多了分生活感与温暖活泼。

❖ 卧室的主要功能还是给人们提供一处休憩、放松的空间，因此，从有利于人们休息和睡眠的目的出发，卧室的色彩对比不宜太强烈，最好能选择那些有利于人们放松身心的宁静、自然的色彩。灰调的蓝色表现出一种冷静、理智、安详与广阔的氛围。

❖ 作品为中式家居风格，原木的家居给人一种自然、朴实之感。床单、窗帘、壁画等现代的装饰使整个空间在充满古典气息的同时，也有一丝现代、时尚的感觉。